COURS COMPLET DE MATHÉMATIQUES
À L'USAGE DE L'ENSEIGNEMENT SECONDAIRE ET DES DIVERS ENSEIGNEMENTS
Publié sous la direction de M. Carlo BOURLET

Carlo BOURLET

Professeur honoraire au Lycée Saint-Louis
Ancien professeur au Conservatoires des Arts et Métiers

PETIT COURS D'ARITHMÉTIQUE

Contenant 3262 exercices et Problèmes

RÉDIGÉ CONFORMÉMENT AUX PROGRAMMES OFFICIELS
À L'USAGE DES CLASSES PRÉPARATOIRES ET ÉLÉMENTAIRES
DE L'ENSEIGNEMENT SECONDAIRE
DES CLASSES ÉLÉMENTAIRES DE L'ENSEIGNEMENT DES JEUNES FILLES
DES CLASSES PRIMAIRE°

PREMIÈRE PARTIE

CLASSES PRÉPARATOIRES

Contenant 673 Exercices et Problèmes

NEUVIÈME ÉDITION REVUE

PARIS

LIBRAIRIE HACHETTE ET Cⁱᵉ

79, BOULEVARD SAINT-GERMAIN, 79

1914

AVERTISSEMENT

Le plan de cet ouvrage est strictement celui des programmes de l'enseignement secondaire du 31 mai 1902.

En le rédigeant, nous avons cherché non seulement à suivre l'ordre des matières de ces programmes, mais aussi à nous conformer à leur esprit. Nous avons donc, tout en visant à l'extrême simplicité et en faisant beaucoup appel à la mémoire de l'enfant, essayé d'exercer son jugement, lorsque c'était possible.

A cet effet, tous les exercices du début roulent sur de petits nombres, les seuls que l'enfant puisse concevoir.

Le calcul mental tient une place prépondérante.

Enfin le mécanisme de la numération est longuement étudié avec détails, car la connaissance de ce mécanisme est indispensable pour que l'élève puisse facilement calculer de tête et comprendre ce qu'il fait.   Carlo Bourlet.

PROGRAMME DE CALCUL

PREMIÈRE ANNÉE PRÉPARATOIRE
(3 heures par semaine)

Principes de la numération parlée et de la numération écrite; s'arrêter d'abord à 100, puis pousser jusqu'à 1000.

Le mètre, le litre, le franc, le gramme. Commencer à indiquer quelques-uns de leurs multiples. Exercices de mesure intuitive.

Calcul mental : Application des quatre règles à des nombres de 1 à 10, puis de 1 à 20, et enfin de 1 à 100. Étude de la table d'addition et de la table de multiplication.

Calcul écrit : L'addition, la soustraction bornées à des nombres de trois chiffres; la multiplication avec deux chiffres au plus au multiplicateur et la division avec un diviseur inférieur à 10.

Petits problèmes exécutés en classe, le plus souvent au tableau, quelquefois écrits, et ne comportant qu'une seule opération.

DEUXIÈME ANNÉE PRÉPARATOIRE
(3 heures par semaine.)

Revision du Cours précédent.

Numération des nombres entiers.

Rappeler les principales unités du système métrique et leurs multiples.

Calcul mental : Insister beaucoup sur le calcul mental. Étude continuée de la table d'addition et de la table de multiplication. Étude des expressions : demi, moitié, tiers, quart. Continuation des exercices de mesure intuitive.

Calcul écrit : Les quatre opérations, toujours sur des nombres peu élevés; trois chiffres au plus au multiplicateur et deux au diviseur.

Petits problèmes simples, résolus le plus souvent en classe au tableau, quelquefois sur copie.

Géométrie intuitive. — Simples exercices pour faire reconnaître et désigner les figures régulières les plus élémentaires : carré, rectangle, triangle, cercle. Différentes sortes d'angles.

De UN à CENT

1. — LES DIX PREMIERS NOMBRES

Un bâton *1*

Un bâton et un bâton font **deux**
bâtons *11*

Deux bâtons et un bâton font **trois**
bâtons *111*

Trois bâtons et un bâton font **quatre**
bâtons *1111*

Quatre bâtons et un bâton font **cinq**
bâtons *11111*

Cinq bâtons et un bâton font **six**
bâtons *111111*

Six bâtons et un bâton font **sept**
bâtons *1111111*

Sept bâtons et un bâton font **huit**
bâtons *11111111*

Huit bâtons et un bâton font **neuf**
bâtons *111111111*

Neuf bâtons et un bâton font **dix**
bâtons *1111111111*

DU ZÉRO

Si l'on veut dire qu'il n'y a pas d'objets à un endroit, on dit qu'il y a en cet endroit **zéro** objet.

Exemple : Dans un panier où il n'y a pas de pommes, il y a *zéro* pomme.

2. — DEUXIÈME DIZAINE

Dix bâtons forment une dizaine de bâtons.

Une dizaine et un bâton.		*Font* onze bâtons.
Une dizaine et deux bâtons		douze bâtons.
Une dizaine et trois bâtons		treize bâtons.
Une dizaine et quatre bâtons		quatorze bâtons.
Une dizaine et cinq bâtons		quinze bâtons.
Une dizaine et six bâtons		seize bâtons.
Une dizaine et sept bâtons		dix-sept bâtons.
Une dizaine et huit bâtons		dix-huit bâtons.
Une dizaine et neuf bâtons		dix-neuf bâtons.
Une dizaine et dix bâtons		vingt bâtons.

Réunissons les dix bâtons en un paquet.

Une dizaine et dix bâtons font deux paquets de dix bâtons.

Deux paquets de dix sont deux dizaines ou **vingt**.

Deux dizaines se nomment Vingt.

QUESTIONNAIRE :

1. Combien de billes y a-t-il dans une dizaine?

2. Qu'est-ce que c'est que : onze, quinze, dix-sept, douze, dix-huit, treize?

3. Combien font :
Dix et quatre, dix et neuf, dix et deux, dix et six, dix et un, dix et dix, trois et dix, cinq et dix, sept et dix, neuf et dix?

3. — TROISIÈME DIZAINE

Vingt bâtons c'est deux fois dix ou deux dizaines.

A vingt nous ajouterons des bâtons un à un jusqu'à ce que nous en ayons assez pour faire un nouveau paquet.

Font

Deux dizaines
et un bâton. . . . . **vingt et un bâtons.**

Deux dizaines
et deux bâtons **vingt-deux bâtons.**

Deux dizaines
et trois bâtons **vingt-trois bâtons.**

Deux dizaines
et quatre bâtons **vingt-quatre bât.**

Deux dizaines
et cinq bâtons. **vingt-cinq bâtons.**

Deux dizaines
et six bâtons . **vingt-six bâtons.**

Deux dizaines
et sept bâtons. **vingt-sept bâtons.**

Deux dizaines
et huit bâtons. **vingt-huit bâtons.**

Deux dizaines
et neuf bâtons. **vingt-neuf bâtons.**

Deux dizaines
et dix bâtons **trente bâtons.**

Deux dizaines et dix bâtons font trois paquets de dix.
Trois paquets de dix sont trois dizaines ou **trente.**

Trois dizaines se nomment Trente.

QUESTIONNAIRE :

1. Combien y a-t-il de pommes dans deux *dizaines* de pommes?

2. Combien de dizaines d'allumettes font *dix* allumettes, *trente* allumettes, *vingt* allumettes?

3. Qu'est que c'est que :
Douze, vingt-deux, quinze, vingt-cinq, treize, vingt-trois, seize, vingt-six, onze, vingt et un ?

4. — QUATRIÈME DIZAINE

Trente, c'est trois fois dix ou trois dizaines.

		Font
Trois dizaines et un. . .		trente et un.
Trois dizaines et deux . .		trente-deux.
Trois dizaines et trois. .		trente-trois.
Trois dizaines et quatre. .		trente-quatre.
Trois dizaines et cinq . .		trente-cinq.
Trois dizaines et six. . .		trente-six.
Trois dizaines et sept . .		trente-sept.
Trois dizaines et huit . .		trente-huit.
Trois dizaines et neuf . .		trente-neuf.
Trois dizaines et dix. . .		quarante.

Trois dizaines et dix font quatre paquets de dix.

Quatre paquets de dix sont quatre dizaines ou quarante.

Quatre dizaines se nomment Quarante

---

1. Combien y a-t-il de dizaines dans *trente* poires?

2. Qu'est-ce que c'est que : *Quinze, seize, vingt-sept, trente et un, vingt-quatre, trente-six, dix-huit, trente-deux, trente-huit, vingt-huit?*

3. Combien font : *Dix et dix, vingt et dix, trente et dix?* *Dix et un, dix et cinq, dix et dix et sept, dix et quatre, dix et dix et trois, vingt et dix et trois, vingt et dix et un, dix et dix et neuf, dix et vingt et quatre?*

Quarante, c'est quatre fois dix ou quatre dizaines.

		Font
Quatre dizaines et un . . .		quarante et un.
Quatre dizaines et deux. . .		quarante-deux.
Quatre dizaines et trois. .		quarante-trois.
Quatre dizaines et quatre . .		quarante-quatre.
Quatre dizaines et cinq . .		quarante-cinq.
Quatre dizaines et six . . .		quarante-six.
Quatre dizaines et sept . .		quarante-sept.
Quatre dizaines et huit . .		quarante-huit.
Quatre dizaines et neuf . .		quarante-neuf.
Quatre dizaines et dix . . .		cinquante.

Quatre dizaines et dix bâtons font cinq paquets de dix.

Cinq paquets de dix sont cinq dizaines ou cinquante.

Cinq dizaines se nomment cinquante.

QUESTIONNAIRE ;

1. Combien y a-t-il de dizaines dans : *Vingt, trente, quarante?* Combien font *quarante et dix?*

2. Qu'est-ce que : *quarante-trois, vingt-deux, treize, quarante-six, quarante-huit, trente?*

3. Combien font :

Trente et dix et une pommes? *trente et dix et sept pommes? trente et dix-sept* pommes? *trente et dix-neuf poires? trente et douze pêches? trente et quatorze? trente et quinze? Quatre* bâtons et *un* bâton? *quatre* dizaines de bâtons et *un* bâton? *trois* pommes et *une* pomme? *trois dizaines de pommes et une* pomme?

6. — SIXIÈME DIZAINE

Cinquante, c'est cinq fois dix ou cinq dizaines.

Cinq dizaines et un . . .		*Font* cinquante et un.
Cinq dizaines et deux. . .		cinquante-deux.
Cinq dizaines et trois. . .		cinquante-trois.
Cinq dizaines et quatre . .		cinquante-quatre.
Cinq dizaines et cinq. . .		cinquante-cinq.
Cinq dizaines et six . . .		cinquante-six.
Cinq dizaines et sept. . .		cinquante-sept.
Cinq dizaines et huit. . .		cinquante-huit.
Cinq dizaines et neuf. . .		cinquante-neuf.
Cinq dizaines et dix . . .		soixante.

Cinq dizaines et dix bâtons font six paquets de dix.
Six paquets de dix sont six dizaines ou **soixante.**

Six dizaines se nomment soixante.

QUESTIONNAIRE :

1. Combien font :
Trois dizaines et quatre; cinq dizaines et six; quatre dizaines et deux; cinq dizaines et sept; deux dizaines et dix; cinq dizaines et dix?

2. Qu'est-ce que : Cinquante-huit; cinquante-trois; cinquante-neuf?

3. Combien font :
Quarante et dix et deux allumettes? quarante et dix et cinq aiguilles? vingt et dix et dix? trente et dix et dix? quarante-sept et un? vingt-neuf et un? trente-neuf et un? quarante-neuf et un? cinquante-neuf et un?

7. — SEPTIÈME DIZAINE

Soixante, c'est six fois dix ou six dizaines.

		Font
Six dizaines et un . . .		soixante et un.
Six dizaines et deux . .		soixante-deux.
Six dizaines et trois . .		soixante-trois.
Six dizaines et quatre. .		soixante-quatre.
Six dizaines et cinq. . .		soixante-cinq.
Six dizaines et six. . .		soixante-six.
Six dizaines et sept. . .		soixante-sept.
Six dizaines et huit. . .		soïxante-huit.
Six dizaines et neuf. . .		soixante-neuf.
Six dizaines et dix. . .		soixante-dix.

Six dizaines et dix bâtons font sept paquets de dix. Sept paquets de dix sont sept dizaines ou **soixante-dix**.

Sept dizaines font soixante-dix.

Soixante-dix, c'est sept fois dix ou sept dizaines.

		Font
Sept dizaines et un . . . ;		soixante et onze.
Sept dizaines et deux . .		soixante-douze.
Sept dizaines et trois . .		soixante-treize.
Sept dizaines et quatre. . .		soixante-quatorze.
Sept dizaines et cinq. . . .		soixante-quinze.
Sept dizaines et six. . . .		soixante-seize.
Sept dizaines et sept. . .		soixante-dix-sept.
Sept dizaines et huit. . .		soixante-dix-huit.
Sept dizaines et neuf. . .		soixante-dix-neuf.
Sept dizaines et dix. . . .		quatre-vingts.

Sept dizaines et dix bâtons font huit paquets de dix. Huit paquets de dix sont huit dizaines ou **quatre-vingts**.

Huit dizaines font Quatre-vingts.

QUESTIONNAIRE :

1. Combien font ; *Six dizaines* ; *sept dizaines* ; *six dizaines et trois* ; *sept dizaines et trois* ; *six dizaines et sept* ; *sept dizaines et sept* ; *six dizaines et zéro* ; *sept dizaines et rien* ; *six dizaines d'épingles et une dizaine d'épingles et sept épingles* ; *soixante et dix et sept* ; *soixante et dix et quatre* ; *soixante-dix-neuf et un* ?

Quatre-vingts, c'est huit fois dix ou huit dizaines.

Font

Huit dizaines et un.		quatre-vingt-un.
Huit dizaines et deux.		quatre-vingt-deux.
Huit dizaines et trois.		quatre-vingt-trois.
Huit dizaines et quatre.		quatre-vingt-quatre.
Huit dizaines et cinq.		quatre-vingt-cinq.
Huit dizaines et six.		quatre-vingt-six.
Huit dizaines et sept.		quatre-vingt-sept.
Huit dizaines et huit.		quatre-vingt-huit.
Huit dizaines et neuf.		quatre-vingt-neuf.
Huit dizaines et dix.		quatre-vingt-dix.

Huit dizaines et dix bâtons font neuf paquets de dix. Neuf paquets de dix sont neuf dizaines ou **quatre-vingt-dix**.

Neuf dizaines font quatre-vingt-dix.

---

1. Qu'est-ce que : *quatre-vingt-trois; quatre-vingt-sept; soixante-treize; soixante-dix-sept; soixante-quinze; quatre-vingt-huit?*

2. Combien font : *Huit dizaines et deux; huit dizaines et six; sept dizaines et un; six dizaines et dix; sept dizaines et dix; soixante-dix et dix et trois; soixante-dix et une dizaine et cinq; soixante-dix et une dizaine et neuf; quatre-vingt-un et un; quatre-vingt-quatre et un; quatre-vingt-neuf et un?*

Quatre-vingt-dix, c'est neuf fois dix ou neuf dizaines.

Font

Neuf dizaines et un . . .	quatre-vingt-onze.
Neuf dizaines et deux . .	quatre-vingt-douze.
Neuf dizaines et trois. . .	quatre-vingt-treize.
Neuf dizaines et quatre. .	quatre-vingt-quatorze.
Neuf dizaines et cinq. . .	quatre-vingt-quinze.
Neuf dizaines et six. . .	quatre-vingt-seize.
Neuf dizaines et sept. . .	quatre-vingt-dix-sept.
Neuf dizaines et huit. . .	quatre-vingt-dix-huit.
Neuf dizaines et neuf. .	quatre-vingt-dix-neuf.
Neuf dizaines et dix. . .	cent.

Neuf dizaines et dix bâtons font dix paquets de dix.
Dix paquets de dix sont dix dizaines ou **cent**.

QUESTIONNAIRE :

1. Combien y a-t-il de *dizaines* dans *quatre-vingt-dix*?

2. Qu'est-ce que : *quatre-vingt-dix-sept; soixante-quatorze; quatre-vingt-quatorze; soixante-seize; quatre-vingt-seize; quatre-vingt-onze; quatre-vingt-dix-neuf?*

3. Combien font : *Neuf dizaines et huit; neuf dizaines et neuf; neuf dizaines et deux; neuf dizaines et trois; neuf dizaines et cinq; quatre-vingts et dix; quatre-vingts et dix et sept; quatre-vingts et une dizaine et quatre; quatre-vingt-dix et dix; quatre-vingt-dix-sept et un; quatre-vingt-onze et un; quatre-vingt-seize et un; quatre-vingt-dix-neuf et un; dix dizaines?*

11. — LA CENTAINE

Dix dizaines se nomment cent.

Cent, c'est dix fois dix.

Nous lions ensemble dix paquets de dix bâtons et nous en faisons un plus gros paquet.

Cette réunion de dix paquets se nomme une **centaine.**

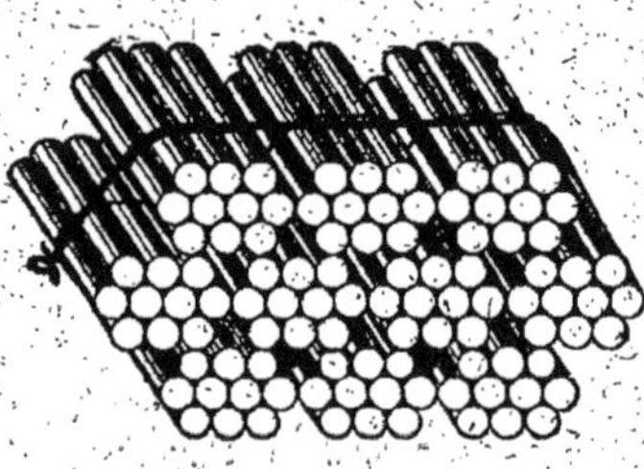

Une centaine.

Dix dizaines font une centaine.

En réunissant ainsi des objets : bâtons, billes, poires, gâteaux, cahiers, etc., nous avons formé des **nombres.**

Un **nombre** désigne donc la réunion de plusieurs objets.

Pour dire **combien** il y a de bâtons dans un paquet, d'objets dans une collection, je dis un nombre.

---

1. Qu'est-ce que *cent* ?
2. Dans *cent*, combien de fois dix?
3. Combien faut-il de dizaines pour faire une centaine ?

4. Qu'est-ce qu'un nombre?
5. A quoi servent les nombres?
6. Citez des nombres?

12. — UNITÉS

On peut compter, comme les bâtons, des objets quelconques.

Un objet, un cahier, une plume, un livre, se nomme **une unité.**

Il peut y avoir plusieurs objets dans une unité.

Un paquet d'une dizaine est une unité.

Un paquet d'une centaine est une unité.

Un seul objet se nomme **unité du premier ordre** ou **unité simple.**

Une dizaine se nomme **unité du second ordre.**

Une centaine se nomme **unité du troisième ordre.**

EXEMPLES : — *Trente* est formé de *trois* dizaines, donc il contient *trois unités du second ordre.*

Cinquante est formé de *cinq* dizaines, il contient donc *cinq unités du second ordre.*

Vingt-trois est formé de *deux* dizaines et *trois*, il contient donc *deux unités du second ordre et trois unités simples.*

Soixante-douze est formé de *sept* dizaines et *deux*, il contient donc *sept unités du second ordre et deux unités simples.*

---

1. Qu'est-ce que l'unité du second ordre ? qu'est-ce que l'unité du troisième ordre ?

2. Quelle espèce d'unité est la dizaine ?

3. Combien y a-t-il d'unités du second ordre et d'unités du premier ordre dans : *Quarante-cinq ;* vingt-sept ; trente-trois ; dix-sept ; douze ; onze ; quatorze ; soixante-deux ; soixante-dix-sept ; soixante-quinze ; soixante-seize ; quatre-vingt-un ; cinquante ; soixante-dix ; quatre-vingt-dix ; quatre-vingt-dix-huit ; quatre-vingt-treize ; quatre-vingt-onze ?

Le mot zéro   s'écrit. **0**
»   un   » **1**
»   deux   » **2**
»   trois   » **3**
»   quatre   » **4**
»   cinq   » **5**
»   six   » **6**
»   sept   » **7**
»   huit   » **8**
»   neuf   » **9**

0. 1. 2. 3. 4. 5. 6. 7. 8. 9.

sont des **chiffres.**

Pour écrire en chiffres un nombre plus petit que cent, on écrit d'abord le nombre de dizaines et ensuite le nombre d'unités qui le composent.

Le chiffre des unités simples est au premier rang en commençant par la droite.

Le chiffre des dizaines est au second rang à gauche du premier.

De cette façon :

Les unités du **premier ordre** sont au **premier rang.**

Les unités du **deuxième ordre** sont au **deuxième rang,** de droite à gauche.

14. — ÉCRITURE DES NOMBRES (Suite)

PREMIER EXEMPLE. — Écrivons les nombres de dix à vingt.

						Dizaines.	Unités.
dix . .	qui est	*une* dizaine et	*zéro* unité s'écrit	10		1	0
onze . .	»	*une* »	*une* »	11		1	1
douze . .	»	*une* »	*deux* unités »	12		1	2
treize . .	»	*une* »	*trois* »	13		1	3
quatorze	»	*une* »	*quatre* »	14		1	4
quinze . .	»	*une* »	*cinq* »	15		1	5
seize . .	»	*une* »	*six* »	16		1	6
dix-sept .	»	*une* »	*sept* »	17		1	7
dix-huit .	»	*une* »	*huit* »	18		1	8
dix-neuf	»	*une* »	*neuf* »	19		1	9
vingt . .	»	*deux* »	*zéro* »	20		2	0

D'après ce qui a été dit,

vingt et un . . .	qui est	*deux* dizaines et	*une* unité s'écrit	21
trente	»	*trois* »	*zéro* »	30
quarante-trois . . .	»	*quatre* »	*trois* unités »	43
soixante-neuf . . .	»	*six* »	*neuf* »	69
soixante-dix . . .	»	*sept* »	*zéro* »	70
soixante-douze . . .	»	*sept* »	*deux* »	72
quatre-vingts . . .	»	*huit* »	*zéro* »	80
quatre-vingt-six . .	»	*huit* »	*six* »	86
quatre-vingt-dix . .	»	*neuf* »	*zéro* »	90
quatre-vingt-onze . .	»	*neuf* »	*une* »	91
quatre-vingt-dix-neuf .	»	*neuf* »	*neuf* »	99

Cent s'écrit 100

QUESTIONNAIRE :

1. Comment s'écrivent les nombres : sept ; douze ; seize ; vingt-deux ; trente-trois ; trente-sept ; quarante-huit ; cinquante ; cinquante-sept ; quatre-vingt-trois ; soixante-sept ; soixante-treize ; soixante-quinze ; quatre-vingt-treize ; quatre-vingt-douze ; soixante-dix-huit ; soixante-dix-neuf ; quatre-vingt-dix-huit ?

15. — LISTE DES NOMBRES DE **UN** A **CENT**

Un.	1	Trente-quatre	34	Soixante-sept	67
Deux	2	Trente-cinq	35	Soixante-huit	68
Trois	3	Trente-six	36	Soixante-neuf	69
Quatre	4	Trente-sept	37	Soixante-dix	70
Cinq	5	Trente-huit	38	Soixante et onze	71
Six	6	Trente-neuf	39	Soixante-douze	72
Sept	7	Quarante	40	Soixante-treize	73
Huit	8	Quarante et un	41	Soixante-quatorze	74
Neuf	9	Quarante-deux	42	Soixante-quinze	75
Dix	10	Quarante-trois	43	Soixante-seize	76
Onze	11	Quarante-quatre	44	Soixante-dix-sept	77
Douze	12	Quarante-cinq	45	Soixante-dix-huit	78
Treize	13	Quarante-six	46	Soixante-dix-neuf	79
Quatorze	14	Quarante-sept	47	Quatre-vingts	80
Quinze	15	Quarante-huit	48	Quatre-vingt-un	81
Seize	16	Quarante-neuf	49	Quatre-vingt-deux	82
Dix-sept	17	Cinquante	50	Quatre-vingt-trois	83
Dix-huit	18	Cinquante et un	51	Quatre-vingt-quatre	84
Dix-neuf	19	Cinquante-deux	52	Quatre-vingt-cinq	85
Vingt	20	Cinquante-trois	53	Quatre-vingt-six	86
Vingt et un	21	Cinquante-quatre	54	Quatre-vingt-sept	87
Vingt-deux	22	Cinquante-cinq	55	Quatre-vingt-huit	88
Vingt-trois	23	Cinquante-six	56	Quatre-vingt-neuf	89
Vingt-quatre	24	Cinquante-sept	57	Quatre-vingt-dix	90
Vingt-cinq	25	Cinquante-huit	58	Quatre-vingt-onze	91
Vingt-six	26	Cinquante-neuf	59	Quatre-vingt-douze	92
Vingt-sept	27	Soixante	60	Quatre-vingt-treize	93
Vingt-huit	28	Soixante et un	61	Quatre-vingt-quatorze	94
Vingt-neuf	29	Soixante-deux	62	Quatre-vingt-quinze	95
Trente	30	Soixante-trois	63	Quatre-vingt-seize	96
Trente et un	31	Soixante-quatre	64	Quatre-vingt-dix-sept	97
Trente-deux	32	Soixante-cinq	65	Quatre-vingt-dix-huit	98
Trente-trois	33	Soixante-six	66	Quatre-vingt-dix-neuf	99
		Cent	100		

L'élève doit savoir cette liste par cœur.

18. — LIRE UN NOMBRE ÉCRIT EN CHIFFRES

Pour lire un nombre de deux chiffres on lit, de gauche à droite, d'abord les dizaines et ensuite les unités simples.

EXEMPLES :

27 c'est *deux* dizaines, ou *vingt*, et *sept* unités : donc **vingt-sept**.

35 — *trois* dizaines, ou *trente*, et *cinq* unités : donc **trente-cinq**.

40 — *quatre* dizaines, ou *quarante*, et *zéro* unité ; donc **quarante**.

53 — *cinq* dizaines, ou *cinquante*, et *trois* unités : donc **cinquante-trois**.

68 — *six* dizaines, ou *soixante*, et *huit* unités : donc **soixante-huit**.

12 — *une* dizaine, ou *dix*, et *deux* unités : donc **douze**.

13 — *une* dizaine, ou *dix*, et *trois* unités : donc **treize**.

74 — *sept* dizaines, ou *soixante-dix*, et *quatre* unités : donc **soixante-quatorze**.

86 — *huit* dizaines, ou *quatre-vingts*, et *six* unités : donc **quatre-vingt-six**.

91 — *neuf* dizaines, ou *quatre-vingt-dix*, et *une* unité : donc **quatre-vingt-onze**.

QUESTIONNAIRE :

1. Dire combien il y a de dizaines et d'unités simples dans chacun de ces nombres : 37, 42, 47, 28, 22, 25, 52, 34, 43, 17, 1, 18, 81, 14, 41, 83, 87, 15, 51, 29, 92, 39, 93, 57, 75, 98, 99, 68, 86, 89, 64, 46, 70, 11, 16, 61, 95, 59, 17, 14, 100.

2. Lire ces nombres.

17. — NOMBRES ORDINAUX

Quand on range des objets, des personnes on indique leur place par un numéro. Ainsi voici un banc d'élèves.

Devant chaque élève, un numéro indique son *rang*.

Celui qui a le numéro **1** se nomme le **premier**,

— **2** se nomme le **second** ou **deuxième**.

— **3** se nomme le **troisième**.

— **4** se nomme le **quatrième**

— **5** se nomme le **cinquième**

— **6** se nomme le **sixième**.

— **7** se nomme le **septième**.

— **8** se nomme le **huitième**.

— **9** se nomme le **neuvième**.

Pour indiquer le rang on fait suivre le numéro de ième.

Ainsi l'élève qui est à la place numéro *dix* est le *dixième*, celui qui est à la place numéro *trente et un* est le *trente et unième*.

QUESTIONNAIRE :

1. Quel est le rang de l'élève qui a le numéro : *Vingt-cinq; dix-sept; seize; quarante-trois; quatre-vingt-un; soixante-deux*, etc.?

2. On range des soldats les uns à côté des autres, quel est le numéro du soldat qui est :

Le second; le septième; le premier; le soixante et unième; le quatre-vingt-quinzième, etc.?

EXERCICES
sur la numération des dix premiers nombres.

CALCUL MENTAL.

1. Compter de un à dix en montrant des élèves, des billes, les doigts des deux mains.

2. Compter les bancs de la classe, les encriers d'une table, les vitres d'une fenêtre, les livres, les cahiers d'un élève, etc.

3. Compter les lettres contenues dans les mots : livre, écolier, banc, muraille, crayon, professeur.

4. Compter de dix à zéro.

5. Compter de deux en deux de zéro à dix.

6. Compter de deux en deux de un à neuf.

7. Quel est le nombre qui suit 5, 3, 8, 4, 9 ?

8. Quel est le nombre qui vient avant 7, 2, 9, 5 ?

9. Combien font 2 et 2, 3 et 3, 4 et 4 ?

10. Quel est le plus grand nombre d'un chiffre ? le plus petit ?

EXERCICES ÉCRITS.

11. Écrire en chiffres puis en lettres les dix premiers nombres.

12. Tracer au tableau 3 lignes, 7 lignes, 5 points, 8 points.

13. Écrire d'abord en chiffres puis en lettres le nombre de points contenus dans chacune des lignes suivantes :

EXERCICES
sur la numération des cent premiers nombres.

CALCUL MENTAL.

14. Compter jusqu'à dix.

15. Compter par dizaines de la manière suivante : une dizaine, c'est dix ; deux dizaines, c'est vingt ; trois dizaines... jusqu'à dix dizaines, c'est cent.

16. Combien y a-t-il de dizaines dans dix, vingt, trente, quarante, cinquante,... cent ?

17. Que faut-il faire pour que les chiffres 4, 7, 5, 8 représentent des dizaines ?

18. Comptez de dix en dix jusqu'à cent.

19. Comptez de dix en dix de cent à dix.

20. Nommez les nombres de un a vingt.

21. Nommez les nombres de vingt à zéro.

22. Quels sont les nombres compris entre vingt et trente, trente et quarante, quarante et cinquante ?

23. Comptez par ordre les nombres de un à cinquante.

24. Quels sont les nombres compris entre cinquante et soixante, soixante et quatre-vingts, quatre-vingts et cent ?

25. Comptez de mémoire de un à cent.

26. Comptez de dix en dix en commençant à 1, à 2, à 3, à 4, à 5, à 6, à 7, à 8, à 9.

27. Comptez de cinq en cinq jusqu'à cinquante, jusqu'à cent.

28. Quel est le nombre qui vient après 9, 19, 29, 39, 49, 99, 89, 79, 69, 59 ?

29. Quel est le nombre qui vient avant 10, 50, 70, 40, 90, 30, 80, 60, 20 ?

30. Quel est le plus petit nombre de deux chiffres ? le plus grand ?

31. Un enfant place ses soldats par files de dix. Combien aura-t-il de soldats s'il obtient 5 files, 9, 4, 7, 10 files ? 4 files de 10 et une rangée de 3 ? 8 files de 10 et une rangée de 5 ? 6 files de 10 et une rangée de 7 ?

EXERCICES ÉCRITS.

32. Ecrire en chiffres et en lettres les nombres de 1 à 20. Ex. : 1 un, 2 deux....

33. Même exercice pour les nombres de dizaines. Ex. : 10 dix, 20 vingt....

34. Ecrire en chiffres les nombres de 20 à 50, de 50 à 100, de 1 à 100.

35. Ecrire en chiffres les nombres :

quinze plumes.	*soixante-quatre* lignes.
vingt-trois élèves.	*soixante-douze* pommes.
trente-sept billes.	*soixante-six* poires.
quarante-neuf plumes.	*quatre-vingt-sept* arbres.
cinquante et une pages.	*quatre-vingt-dix-huit* moutons.

36. Ecrire en lettres les nombres 7, 18, 25, 39, 40, 52, 64, 73, 86, 90, 91, 98.

37. Ecrire en chiffres les cinq nombres qui suivent les nombres de l'exercice précédent. Ex. : 7, 8, 9, 10, 11, 12; 18, 19....

38. Ecrire en chiffres le nombre qui les précède. Ex. : 6, 7; 17, 18....

18. — LE MÈTRE

Pour mesurer la longueur d'une corde, d'une pièce d'étoffe, d'une route, on se sert d'un **mètre.**

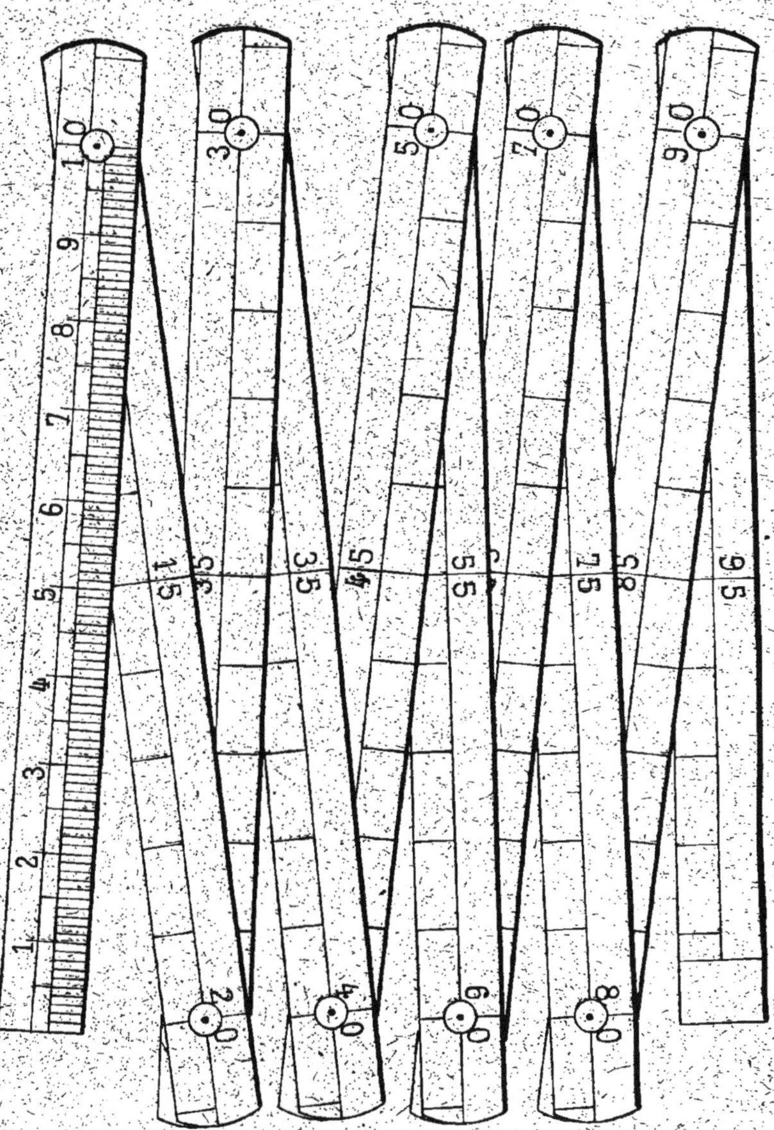

Un mètre pliant, grandeur réelle.

Pour mesurer les liquides, les grains, on se sert du litre.

Un litre, grandeur réelle.

20. — LE GRAMME

Pour peser, on se sert du **gramme**.

Le **gramme** est un petit poids en cuivre.

10 grammes.

1 gramme.

LE FRANC

Le **franc** est une pièce d'argent qui pèse cinq grammes.

Face.

Pile.

Le franc, grandeur réelle.

Le **mètre**, le **litre**, le **gramme**, le **franc** sont aussi des unités que l'on peut réunir pour en former des nombres.

EXERCICE.

Combien font :
Trois dizaines de mètres et *quatre* mètres?
Cinq dizaines de litres et *huit* litres?
Deux dizaines de grammes et *cinq* grammes?
Quatre dizaines de francs et *six* francs ?

21. — ADDITION

Dans un sac il y a *dix* billes, j'y mets *cinq* billes nouvelles, j'ai *ajouté* cinq billes au sac, et il y a maintenant dans le sac *dix et cinq*, c'est-à-dire *quinze* billes.

Ajouter un nombre à un autre c'est faire une addition.

Additionner deux nombres c'est ajouter le second au premier.

Le résultat est ce qu'on appelle la somme ou le total.

Les nombres ajoutés sont les parties de la somme.

Ainsi, quand je dis *dix* et *cinq* font *quinze*, je fais une **addition** : la **somme** est *quinze*; *dix* et *cinq* sont les **parties** de la somme.

Dix billes   cinq billes   La somme est quinze billes.

Pour indiquer une addition on emploie le signe + qui se lit : **plus.**

Le signe = veut dire : **égale.**

Ainsi **5 + 1 = 6** se lit : *cinq plus un égale six,* ce qui signifie la même chose que *cinq et un font six.*

— 22. — AJOUTER 0, 1

Lorsqu'on ajoute **zéro** à un nombre, on trouve pour somme ce nombre lui-même, car ajouter zéro, c'est ne **rien ajouter du tout**.

Lorsqu'on ajoute **1** à un nombre, on obtient le nombre suivant.

Ainsi quatre et un font cinq ; vingt-quatre et un font vingt-cinq ; cinquante-six et un font cinquante-sept.

$0+0=0$	$0+1=1$	ou **0** *et* **1** *font* **1**
$1+0=1$	$1+1=2$	ou **1** *et* **1** *font* **2**
$2+0=2$	$2+1=3$	ou **2** *et* **1** *font* **3**
$3+0=3$	$3+1=4$	ou **3** *et* **1** *font* **4**
$4+0=4$	$4+1=5$	ou **4** *et* **1** *font* **5**
$5+0=5$	$5+1=6$	ou **5** *et* **1** *font* **6**
$6+0=6$	$6+1=7$	ou **6** *et* **1** *font* **7**
$7+0=7$	$7+1=8$	ou **7** *et* **1** *font* **8**
$8+0=8$	$8+1=9$	ou **8** *et* **1** *font* **9**
$9+0=9$	$9+1=10$	ou **9** *et* **1** *font* **10**

QUESTIONNAIRE :

1. Combien font :

Quinze et zéro ; vingt-deux et un ; trente-quatre et un ; douze et un ; treize et un ; soixante-sept et un ; soixante-dix-sept et un, soixante-douze et un ; quatre-vingt-treize et zéro ; quatre-vingt-treize et un ; quatre-vingt-dix-neuf et un ?

2. Combien font :

4 et 1 ; 16 et 0 ; 23 et 1 ;

43 et 1 ; 58 et 1 ; 69 et 1 ;
71 et 1 ; 77 et 1 ; 76 et 1 ;
85 et 1 ; 95 et 1 ; 79 et 0 ;
79 et 1 ; 22 et 0 ; 14 et 1 ;
16 et 1 ; 19 et 0 ; 19 et 1 ?

3. Faire les additions :

$12+0$; $45+1$; $52+1$;
$29+1$; $57+0$; $69+0$;
$69+1$; $61+1$; $62+1$;
$98+1$; $99+1$; $17+0$;
$17+1$; $33+1$; $48+1$.

EXERCICES DE CALCUL MENTAL.

4. Dans un compartiment de chemin de fer il y a 6 voyageurs, il en monte un de plus, combien y a-t-il après cela de voyageurs dans le compartiment ?

5. Un élève a 12 bons points ; il en gagne encore 1, combien en a-t-il ?

6. Dans une classe il y a 32 élèves, il en vient un nouveau. Combien y a-t-il d'élèves dans la classe après cela ?

23. — AJOUTER 2, 3, 4

Dans un sac il y a quatre billes; je veux y *ajouter* trois billes.

J'en ajoute d'abord *une* et je dis quatre et un font cinq; puis j'en ajoute une *seconde* et je dis cinq et un font six; enfin, j'ajoute la *troisième* et je dis six et un font sept.

Finalement il y a sept billes dans le sac. Je peux donc dire que **4** billes et **3** billes font **7** billes.

Pour ajouter **2** on ajoute deux fois **1**.

    3 — trois fois **1**.

    4 — quatre fois **1**.

D'après cela, l'élève effectuera les additions suivantes et apprendra les résultats par cœur.

$0+2=2$	$0+3=3$	$0+4=4$
$1+2=$	$1+3=$	$1+4=$
$2+2=$	$2+3=$	$2+4=$
$3+2=$	$3+3=$	$3+4=$
$4+2=$	$4+3=$	$4+4=$
$5+2=$	$5+3=$	$5+4=$
$6+2=$	$6+3=$	$6+4=$
$7+2=$	$7+3=$	$7+4=$
$8+2=$	$8+3=$	$8+4=$
$9+2=$	$9+3=$	$9+4=$

EXERCICES DE CALCUL MENTAL.

1. Un garçon a 4 billes, on lui en donne 2, combien en a-t-il ?

2. Jean a 6 sous, sa mère lui en donne 3, combien a-t-il de sous ?

3. Un élève a 7 bons points, il en gagne 2, combien en a-t-il ?

4. Dans un jardin il y a 6 arbres, on en plante 4 autres, combien y a-t-il d'arbres dans le jardin ?

5. Pierre achète deux gâteaux, le premier coûte 2 sous et le second 3 sous, combien a-t-il payé en tout ?

6. Dans une classe il y a 9 garçons et 4 filles, combien y a-t-il en tout d'élèves dans la classe ?

7. Dans un café, un consommateur paie son verre de bière 6 sous et donne 2 sous de pourboire au garçon, combien a-t-il payé ?

24. — AJOUTER 5, 6, 7

Pour ajouter **5** on ajoute cinq fois **1**.
—   **6**   —   six fois **1**.
—   **7**   —   sept fois **1**.

D'après cela, l'élève effectuera les additions suivantes et apprendra les résultats par cœur.

0 + 5 = 5	0 + 6 = 6	0 + 7 = 7
1 + 5 =	1 + 6 =	1 + 7 =
2 + 5 =	2 + 6 =	2 + 7 =
3 + 5 =	3 + 6 =	3 + 7 =
4 + 5 =	4 + 6 =	4 + 7 =
5 + 5 =	5 + 6 =	5 + 7 =
6 + 5 =	6 + 6 =	6 + 7 =
7 + 5 =	7 + 6 =	7 + 7 =
8 + 5 =	8 + 6 =	8 + 7 =
9 + 5 =	9 + 6 =	9 + 7 =

EXERCICES DE CALCUL MENTAL

1. Dans un panier il y a 7 pommes et 5 poires, combien y a-t-il de fruits dans le panier ?

2. Dans un salon il y a 9 chaises et 6 fauteuils, combien y a-t-il de sièges dans le salon ?

3. Dans une classe il y a deux rangées de bancs. Dans la première rangée il y a 8 bancs et dans la seconde 7 bancs. Combien y a-t-il en tout de bancs dans la classe ?

4. Il y a dans une cage 3 canaris et 5 chardonnerets, combien y a-t-il d'oiseaux dans la cage ?

5. Un petit garçon achète une voiture avec un cheval. La voiture et le cheval coûtent chacun 6 sous. Qu'est-ce qu'il a payé le tout ?

6. Un élève a 2 cahiers de brouillon et 5 cahiers de devoirs, combien a-t-il de cahiers en tout ?

7. Un pêcheur a pris 3 carpes et autant de brochets, combien a-t-il pris de poissons ?

8. Un ouvrier a travaillé 4 heures le matin et 5 heures dans l'après-midi, pendant combien d'heures a-t-il travaillé dans la journée?

25. — AJOUTER 8, 9

Pour ajouter **8** on ajoute huit fois **1.**
— **9** — neuf fois **1.**

D'après cela, l'élève effectuera les additions suivantes et apprendra les résultats par cœur.

0+8=8	**0+9=9**
1+8=	**1+9=**
2+8=	**2+9=**
3+8=	**3+9=**
4+8=	**4+9=**
5+8=	**5+9=**
6+8=	**6+9=**
7+8=	**7+9=**
8+8=	**8+9=**
9+8=	**9+9=**

Si sur un tas de **4** billes on ajoute **5** billes, on obtiendra le même résultat que si sur un tas de **5** billes on ajoutait **4** billes ; car dans ces deux cas c'est réunir deux tas, l'un de **4** billes, l'autre de **5** billes, cela fait en tout **9** billes.

Donc **4** et **5** est égal à **5** et **4**. De même :

3+2=2+3 **4+3=3+4** **7+5=5+7**
8+4=4+8 **6+2=2+6** **3+9=9+3**

Une somme ne change pas quand on change l'ordre des parties.

EXERCICES DE CALCUL MENTAL.

1. Dans une famille il y a 3 garçons et 8 filles, combien y a-t-il d'enfants dans cette famille ?

2. Un chasseur a tué 9 cailles et 8 perdreaux, combien a-t-il tué de pièces de gibier ?

3. Refaire les exercices de la table d'addition en changeant l'ordre des chiffres.

26. — ADDITIONS DE DIZAINES

2 dizaines et **3** dizaines font **5** dizaines; donc vingt et trente font cinquante, ou

$$20 + 30 = 50.$$

5 dizaines et dix font **6** dizaines, donc cinquante et dix font soixante, ou

$$50 + 10 = 60.$$

En raisonnant de même, l'élève fera les additions suivantes :

$10 + 10 =$	$20 + 20 =$	$20 + 70 =$
$20 + 10 =$	$40 + 20 =$	$10 + 60 =$
$30 + 10 =$	$70 + 20 =$	$10 + 80 =$
$40 + 10 =$	$80 + 20 =$	$10 + 90 =$
$50 + 10 =$	$10 + 30 =$	$20 + 30 =$
$60 + 10 =$	$50 + 30 =$	$20 + 50 =$
$70 + 10 =$	$30 + 40 =$	$30 + 30 =$
$80 + 10 =$	$40 + 40 =$	$30 + 70 =$
$90 + 10 =$	$50 + 50 =$	$40 + 60 =$

QUESTIONNAIRE :

1. Faire repasser à l'élève sa table d'addition en complétant par des exercices oraux de ce genre : « Que font : 4 et 5? 40 et 50? 3 et 2? 30 et 20? 1 et 4? 10 et 40? et ainsi de suite.

EXERCICES DE CALCUL MENTAL.

2. Une dame a acheté un costume. Elle a payé la jupe 50 fr. et le corsage 30 fr. Combien a coûté le costume ?

3. Dans un lycée il y a deux divisions de la classe enfantine. Dans la division A il y a 30 élèves, et dans la division B il y a 20 élèves. Combien y a-t-il en tout d'élèves de la classe enfantine ?

4. Pour faire du sirop on fait fondre dans 40 grammes d'eau le même poids de sucre. Combien de grammes de sirop a-t-on ?

5. Les élèves des lycées ont eu 60 jours de grandes vacances et 20 jours de petites vacances dans une année. Combien y a-t-il eu en tout de jours de vacances dans cette année ?

6. Dans une boîte de bonbons il y a 40 pralines et 60 dragées. Combien y a-t-il de bonbons dans la boîte ?

7. Dans une cave il y a deux tonneaux. Le premier contient 50 litres de vin; le second contient 20 litres de plus que le premier. Que contient le second ?

27. — DÉCOMPOSITION D'UN NOMBRE EN DEUX PARTIES

S'exercer à bien savoir cette table :

2 c'est **1 + 1**	**3** c'est **1 + 2**	**4** c'est **1 + 3**
		ou **2 + 2**
5 c'est **1 + 4**	**6** c'est **1 + 5**	**7** c'est **1 + 6**
ou **2 + 3**	ou **2 + 4**	ou **2 + 5**
	ou **3 + 3**	ou **3 + 4**
8 c'est **1 + 7**	**9** c'est **1 + 8**	**10** c'est **1 + 9**
ou **2 + 6**	ou **2 + 7**	ou **2 + 8**
ou **3 + 5**	ou **3 + 6**	ou **3 + 7**
ou **4 + 4**	ou **4 + 5**	ou **4 + 6**
		ou **5 + 5**
11 c'est **1 + 10**	**12** c'est **2 + 10**	**13** c'est **3 + 10**
ou **2 + 9**	ou **3 + 9**	ou **4 + 9**
ou **3 + 8**	ou **4 + 8**	ou **5 + 8**
ou **4 + 7**	ou **5 + 7**	ou **6 + 7**
ou **5 + 6**	ou **6 + 6**	
14 c'est **4 + 10**	**15** c'est **5 + 10**	**16** c'est **6 + 10**
ou **5 + 9**	ou **6 + 9**	ou **7 + 9**
ou **6 + 8**	ou **7 + 8**	ou **8 + 8**
ou **7 + 7**		
17 c'est **7 + 10**		**18** c'est **8 + 10**
ou **8 + 9**		ou **9 + 9**

QUESTIONNAIRE :

1. Combien faut-il ajouter à 8 pour avoir 12 ?

2. Combien faut-il ajouter à 7 pour avoir 9 ?

3. Combien faut-il ajouter à 5 pour avoir 8 ? à 4 pour avoir 11 ? à 7 pour avoir 13 ? à 9 pour avoir 16 ? à 3 pour avoir 8 ?

4. Que faut-il ajouter à

1, 2, 3, 4, 5, 6, 7, 8, 9,

pour avoir *dix*.

EXERCICES DE CALCUL MENTAL.

5. Un élève a 6 bons points, combien faut-il qu'il en gagne pour en avoir 10 ?

6. Dans un seau pouvant contenir 12 litres, il y a 6 litres d'eau, combien faut-il encore verser d'eau pour le remplir ?

28. — EXERCICE IMPORTANT

Rappelons-nous que :

onze	c'est	dix et un.
douze	—	dix et deux.
treize	—	dix et trois.
quatorze	—	dix et quatre.
quinze	—	dix et cinq.
seize	—	dix et six.

Alors, quarante et dix-sept c'est quarante et dix et sept ou **cinquante-sept.**

Vingt et douze c'est vingt et dix et deux ou **trente-deux.**

Faire les additions suivantes :

20 + 11 =	40 + 15 =	70 + 17 =
20 + 12 =	40 + 19 =	70 + 18 =
20 + 13 =	50 + 11 =	80 + 10 =
20 + 14 =	50 + 12 =	80 + 11 =
20 + 15 =	50 + 17 =	80 + 13 =
20 + 19 =	50 + 19 =	80 + 16 =
30 + 13 =	60 + 14 =	80 + 17 =
30 + 16 =	60 + 15 =	10 + 12 =
30 + 17 =	60 + 16 =	10 + 15 =
30 + 18 =	60 + 17 =	10 + 16 =
40 + 10 =	70 + 12 =	10 + 19 =
40 + 13 =	70 + 14 =	90 + 10 =

QUESTIONNAIRE :

1. Faire oralement les sommes : *Vingt et dix-huit; trente et quinze; quarante et douze;* *soixante et seize; cinquante et dix; cinquante et dix-huit; quatre-vingt et quatorze.*

EXERCICES DE CALCUL MENTAL.

2. Au commencement de l'année il y avait 20 élèves dans une classe. Pendant le courant de l'année il en est entré encore 13. Combien y a-t-il maintenant d'élèves dans la classe ?

3. Un paysan a 50 moutons et 12 bœufs, combien a-t-il de têtes de bétail ?

4. Un jeune homme a 17 ans, son père a 30 ans de plus que lui. Quel est l'âge du père ?

29. — ADDITION D'UN CHIFFRE

Pour ajouter un nombre d'un seul chiffre à un autre nombre, on ajoute ce chiffre au chiffre des unités de l'autre.

Ainsi on a : $5+3=8$, $2+7=9$,
donc $45+3=48$, $72+7=79$.

Lorsque la somme du chiffre qu'on ajoute et du chiffre des unités de l'autre nombre est plus grande que **9**, on est ramené au cas précédent.

Ainsi *cinq* et *six* font *onze*; donc *quarante-cinq et six* font *quarante et onze* ou *cinquante et un.*

De même *sept* et *huit* font *quinze*; donc *soixante-dix-sept* et *huit* font *soixante-dix et quinze* ou *quatre-vingt-cinq.*

EXERCICES ÉCRITS À REMPLIR, OU A FAIRE ORALEMENT :

1. — $63+4=$ $62+7=$ $32+4=$
$51+7=$ $72+6=$ $25+3=$
$48+1=$ $41+8=$ $55+2=$
$23+7=$ $22+8=$ $31+9=$
$44+8=$ $57+6=$ $72+9=$
$77+5=$ $83+8=$ $92+5=$

2. — Puisque $5+4=9$ combien font :

$15+4$ | $35+4$ | $55+4$ | $95+4$ | $75+4$

3. — Combien font :

$3+6$	$5+7$	$6+9$	$20+12$	$10+15$	$30+17$
$23+6$	$25+7$	$36+9$	$40+12$	$50+15$	$40+17$
$13+6$	$55+7$	$86+9$	$30+12$	$80+15$	$20+17$
$63+6$	$65+7$	$26+8$	$70+12$	$70+15$	$50+17$
$83+6$	$85+7$	$66+9$	$80+12$	$40+15$	$70+17$

30. — SOMME DE PLUSIEURS NOMBRES

Lorsqu'on écrit $4+5+2+8$, cela signifie qu'à **4** on doit ajouter **5**, à la somme obtenue ajouter **2** et à la nouvelle somme ajouter **8**.

On dit donc : 4 et 5 font **9**, 9 et 2 font **11**, 11 et 8 font **19**.

La somme totale est **19**.

Exercices écrits à remplir, ou à faire oralement :

$8+1+4=$	$12+6+3=$	$50+13+4=$
$4+2+5=$	$21+4+5=$	$20+17+5=$
$2+7+3=$	$13+2+7=$	$30+12+9=$
$6+1+7=$	$35+4+5=$	$40+13+2=$
$4+3+5=$	$66+7+2=$	$50+17+3=$
$6+2+5=$	$72+1+9=$	$80+12+7=$
$9+2+7=$	$47+5+6=$	$70+16+4=$

$2+7+5+3=$	$48+3+6+5=$
$5+3+8+4=$	$38+6+3+4=$
$8+5+6+9=$	$77+6+5+4=$
$7+2+6+5=$	$22+8+5+9=$
$9+5+4+3=$	$40+16+5+9=$
$2+5+9+6=$	$60+12+4+3=$
$4+3+8+6=$	$20+16+5+9=$
$26+3+5+4=$	$50+14+3+7=$
$52+4+6+7=$	$80+13+2+1=$
$85+5+4+4=$	$70+12+4+5=$

EXERCICES DE CALCUL MENTAL.

1. Un homme adulte a 20 dents molaires, 4 canines et 8 incisives. Combien a-t-il de dents ?

2. Un fermier a 40 moutons, 16 porcs, 6 vaches et 3 bœufs, combien a-t-il de têtes de bestiaux ?

3. Dans un panier il y a 40 pommes, 30 poires, 13 pêches, 8 abricots et 4 prunes. Combien y a-t-il de fruits dans le panier ?

4. Maman m'achète dans un magasin un pardessus de 50 francs, un pantalon de 20 francs, une cravate de 3 francs et un chapeau de 9 francs. Combien a-t-elle dépensé ?

31. — SOUSTRACTION

Dans une corbeille il y a **8** noix, j'en retire **3**, combien reste-t-il de noix dans la corbeille ?

Je retire les noix une à une :

des	**8**	j'en enlève	**1**	il en reste	**7**,
des	**7**	j'en enlève	**1**	il en reste	**6**,
des	**6**	j'en enlève	**1**	il en reste	**5**.

Il reste donc finalement **5** noix dans la corbeille.

Retrancher un nombre d'un autre c'est faire une soustraction.

J'ai retranché **3** noix, j'ai donc fait une soustraction, j'ai *soustrait* le nombre **3** du nombre **8**.

Le résultat est ce qu'on nomme la différence des deux nombres 8 et 3, ou encore l'excès de 8 sur 3, ou encore le reste obtenu en retranchant 3 de 8.

Pour indiquer une soustraction on emploie le signe — qui se lit : *moins*.

Ainsi **8—3** se lit : *huit moins trois.*

On écrit donc :

$$8 - 3 = 5,$$

qui se lit : *huit moins trois égale cinq.*

On peut encore dire : *trois retranché de huit reste cinq* ou, plus brièvement, *trois de huit reste cinq.*

QUESTIONNAIRE :

1. Qu'est-ce que c'est que faire une soustraction ?

2. Quels sont les noms que l'on donne au résultat de la soustraction ?

3. Comment indique-t-on une soustraction ?

4. Que signifie 9 — 4, 7 — 2 ?

5. Quand on a la différence de deux nombres et le plus petit de ces deux nombres, comment obtient-on le plus grand ? Donner un exemple.

6. Quand fait-on une soustraction ?

32. — SOUSTRACTION (*Suite*)

Si, après avoir enlevé les trois noix de la corbeille je les y remets, je retrouve huit noix dans la corbeille. J'aurai fait une addition.

$$5+3=8.$$

Donc, la différence de deux nombres est ce qu'il faut ajouter au plus petit pour avoir le plus grand.

En ajoutant **3** à **5** je retrouve **8**; donc **5** est la différence entre **8** et **3**.

Pour faire une soustraction de deux nombres, on cherche quel est le nombre qu'il faut ajouter au plus petit des deux pour avoir le plus grand.

Ainsi, pour retrancher **2** de **5**, on cherche ce qu'il faut ajouter à **5** pour avoir **2**. On a appris (n° 27) à décomposer **5**, et on sait que $5=2+3$; donc la différence est **3**.

PREMIER EXERCICE. — Remplir les places blanches, en indiquant les nombres à ajouter.

$2=1+$ donc $2-1=$	$9=4+$ donc $9-4=$
$3=2+$ » $3-2=$	$13=9+$ » $13-9=$
$6=1+$ » $6-1=$	$11=8+$ » $11-8=$
$7=6+$ » $7-6=$	$11=4+$ » $11-4=$
$7=5+$ » $7-5=$	$14=7+$ » $14-7=$
$8=7+$ » $8-7=$	$10=3+$ » $10-3=$
$8=3+$ » $8-3=$	$15=7+$ » $15-7=$
$9=3+$ » $9-3=$	$16=9+$ » $16-9=$
$10=7+$ » $10-7=$	$16=8+$ » $16-8=$
$12=6+$ » $12-6=$	$17=9+$ » $17-9=$
$15=8+$ » $15-8=$	$18=9+$ » $18-9=$

33. — SOUSTRACTION (*Fin*)

Deuxième exercice. — Faire directement les soustractions.

4 — 1 =	5 — 4 =	7 — 4 =
6 — 5 =	3 — 2 =	4 — 3 =
8 — 4 =	9 — 4 =	6 — 2 =
7 — 1 =	7 — 3 =	9 — 8 =
10 — 2 =	12 — 3 =	11 — 7 =
11 — 3 =	13 — 4 =	13 — 5 =
17 — 8 =	15 — 6 =	15 — 9 =
14 — 6 =	14 — 8 =	16 — 7 =
18 — 9 =	16 — 8 =	10 — 5 =

EXERCICES DE CALCUL MENTAL.

1. Dans une classe il y a 12 élèves; il y en a 4 malades. Combien en reste-t-il ?

2. Sur un espalier il y a 9 pêches; on en cueille 3. Combien en reste-t-il ?

3. Dans un seau qui peut contenir 10 litres, il y a 6 litres d'eau. Combien faut-il ajouter d'eau pour le remplir ?

4. Un petit garçon voudrait acheter un fusil qui coûte 8 fr.; il n'a que 5 francs dans sa tirelire. Combien de francs doit-il encore gagner pour pouvoir acheter le fusil ?

5. Un enfant a 11 sous; il donne 2 sous à un pauvre. Combien lui reste-t-il de sous ?

6. Un enfant a 13 billes dans sa poche; en courant trop vite il en perd, et lorsqu'il s'en aperçoit il n'a plus que 9 billes dans sa poche. Combien de billes a-t-il perdues ?

7. Dans une pièce de drap qui a 13 mètres de long, on coupe 5 mètres, combien en reste-t-il ?

8. On expédie une douzaine d'œufs par le chemin de fer; il y en a 3 cassés en route. Combien y en a-t-il d'entiers à l'arrivée ?

9. Une personne a dépensé 35 sous pour un fiacre, 6 sous pour un omnibus, 2 sous pour un pauvre, et 3 sous pour une lettre. Combien de sous a-t-elle dépensés en tout ?

10. Un voyageur a fait 5 lieues le premier jour, 6 le second, 4 le troisième, et 8 le quatrième. Quel est le chemin total parcouru ?

11. Une personne a 17 francs dans son porte-monnaie. Elle achète d'abord un chapeau de 8 francs; puis une paire de gants de 3 francs. Combien lui reste-t-il d'argent après les deux achats ?

34. — MULTIPLICATION

J'ai trois tas de **4** noix chacun, je les mets l'un après l'autre dans un sac; il y a alors dans le sac

$$4+4+4=12 \text{ noix}$$

et j'ai mis dans le sac *trois fois quatre noix*. J'ai fait ainsi une *multiplication*.

Ajouter ensemble plusieurs nombres égaux c'est faire une **multiplication**.

On fera donc une multiplication chaque fois que l'on voudra répéter plusieurs fois le même nombre.

Multiplier 4 par 3, c'est prendre 3 fois 4, c'est-à-dire faire la somme de 3 nombres égaux à 4.

On appelle multiplicande le nombre qui est pris plusieurs fois.

On appelle multiplicateur le nombre qui indique combien de fois on prend le multiplicande.

Le résultat est ce qu'on appelle le produit.

Ainsi quand on prend **3** fois **4**, c'est-à-dire quand on multiplie **4** par **3** :

4 est le *multiplicande*,
3 est le *multiplicateur*,
12 est le *produit*.

L'addition, la soustraction et la multiplication sont appelées des opérations.

35. — MULTIPLICATION

Pour indiquer une multiplication on se sert du signe $\times$ ou d'un *point*.

On écrit *d'abord* le multiplicande, *puis* le signe $\times$ ou le point et *ensuite* le multiplicateur.

Ainsi $\qquad 4 \times 3 \qquad$ ou $\qquad 4 \cdot 3$

se lit $\qquad$ **4** *multiplié par* **3** $\qquad$ ou **3** *fois* **4**.

On peut donc écrire :

$$4 \times 3 = 12,$$
$$\text{ou} \qquad 4 \cdot 3 = 12,$$

ce qui se lit — **4** *multiplié par* **3** *égale* **12**

ou $\qquad$ **3** *fois* **4** *font* **12**.

PROBLÈME. — *Un livre coûte* **3** *francs, combien paiera-t-on pour avoir* **5** *livres pareils ?*

Chaque fois qu'on achète un livre on paie **3** francs. Pour avoir **5** livres il faudra payer **5** fois **3** francs. On paiera donc :

$$3 \text{ fr.} + 3 \text{ fr.} + 3 \text{ fr.} + 3 \text{ fr.} + 3 \text{ fr. ou } 3 \text{ fr.} \times 5 = 15 \text{ fr.}$$

On voit que, pour avoir le prix total de plusieurs objets, on multiplie le prix d'un objet par le nombre des objets.

---

1. Qu'est-ce que faire une multiplication ?

2. Qu'est-ce que c'est que multiplier 5 par 3 ?

3. Qu'est-ce que c'est que le multiplicande ?

4. Qu'est-ce que c'est que le multiplicateur ?

5. Comment nomme-t-on le nombre que l'on ajoute plusieurs fois dans une multiplication ?

6. Comment nomme-t-on le nombre qui indique combien de fois on ajoute le multiplicande ?

7. Qu'est-ce que c'est que le produit ?

8. Quand fait-on une multiplication ?

9. Quel est le signe de la multiplication ?

10. Comment lit-on les égalités : $5 \times 2 = 10$, $4 \cdot 2 = 8$?

36. — PRODUITS PAR 0, 1, 2

Multiplier un nombre par zéro, c'est prendre zéro fois ce nombre, cela veut dire ne pas le prendre du tout.

Donc le produit d'un nombre quelconque par zéro est égal à zéro.

Multiplier un nombre par **1** c'est le prendre *une* fois.

Donc le produit d'un nombre quelconque par 1 est égal à ce nombre lui-même.

0 fois 0 = 0 × 0 = 0	1 fois 0 = 0 × 1 = 0
0 fois 1 = 1 × 0 = 0	1 fois 1 = 1 × 1 = 1
0 fois 2 = 2 × 0 = 0	1 fois 2 = 2 × 1 = 2
0 fois 3 = 3 × 0 = 0	1 fois 3 = 3 × 1 = 3
0 fois 4 = 4 × 0 = 0	1 fois 4 = 4 × 1 = 4
0 fois 5 = 5 × 0 = 0	1 fois 5 = 5 × 1 = 5
0 fois 6 = 6 × 0 = 0	1 fois 6 = 6 × 1 = 6
0 fois 7 = 7 × 0 = 0	1 fois 7 = 7 × 1 = 7
0 fois 8 = 8 × 0 = 0	1 fois 8 = 8 × 1 = 8
0 fois 9 = 9 × 0 = 0	1 fois 9 = 9 × 1 = 9

Multiplier un nombre par **2**, c'est ajouter deux fois ce nombre.

D'après cela, trouver les produits suivants et apprendre les résultats par cœur :

0 + 0 ou 2 fois 0 =	5 + 5 ou 2 fois 5 =
1 + 1 ou 2 fois 1 =	6 + 6 ou 2 fois 6 =
2 + 2 ou 2 fois 2 =	7 + 7 ou 2 fois 7 =
3 + 3 ou 2 fois 3 =	8 + 8 ou 2 fois 8 =
4 + 4 ou 2 fois 4 =	9 + 9 ou 2 fois 9 =

37. — PRODUITS PAR 3 ET 4

Multiplier un nombre par **3**, c'est ajouter trois fois ce nombre.

Multiplier un nombre par **4**, c'est ajouter quatre fois ce nombre.

D'après cela, trouver les produits suivants et apprendre les résultats par cœur :

$$0+0+0 \quad \text{ou} \quad 3 \text{ fois } 0 =$$
$$1+1+1 \quad \text{ou} \quad 3 \text{ fois } 1 =$$
$$2+2+2 \quad \text{ou} \quad 3 \text{ fois } 2 =$$
$$3+3+3 \quad \text{ou} \quad 3 \text{ fois } 3 =$$
$$4+4+4 \quad \text{ou} \quad 3 \text{ fois } 4 =$$
$$5+5+5 \quad \text{ou} \quad 3 \text{ fois } 5 =$$
$$6+6+6 \quad \text{ou} \quad 3 \text{ fois } 6 =$$
$$7+7+7 \quad \text{ou} \quad 3 \text{ fois } 7 =$$
$$8+8+8 \quad \text{ou} \quad 3 \text{ fois } 8 =$$
$$9+9+9 \quad \text{ou} \quad 3 \text{ fois } 9 =$$

$$0+0+0+0 \quad \text{ou} \quad 4 \text{ fois } 0 =$$
$$1+1+1+1 \quad \text{ou} \quad 4 \text{ fois } 1 =$$
$$2+2+2+2 \quad \text{ou} \quad 4 \text{ fois } 2 =$$
$$3+3+3+3 \quad \text{ou} \quad 4 \text{ fois } 3 =$$
$$4+4+4+4 \quad \text{ou} \quad 4 \text{ fois } 4 =$$
$$5+5+5+5 \quad \text{ou} \quad 4 \text{ fois } 5 =$$
$$6+6+6+6 \quad \text{ou} \quad 4 \text{ fois } 6 =$$
$$7+7+7+7 \quad \text{ou} \quad 4 \text{ fois } 7 =$$
$$8+8+8+8 \quad \text{ou} \quad 4 \text{ fois } 8 =$$
$$9+9+9+9 \quad \text{ou} \quad 4 \text{ fois } 9 =$$

38. — PRODUITS PAR 5 ET 6

Multiplier un nombre par **5**, c'est ajouter cinq fois ce nombre.

Multiplier un nombre par **6**, c'est ajouter six fois ce nombre.

D'après cela, trouver les produits suivants et apprendre les résultats par cœur :

0+0+0+0+0	ou	5 fois **0**=
1+1+1+1+1	ou	5 fois **1**=
2+2+2+2+2	ou	5 fois **2**=
3+3+3+3+3	ou	5 fois **3**=
4+4+4+4+4	ou	5 fois **4**=
5+5+5+5+5	ou	5 fois **5**=
6+6+6+6+6	ou	5 fois **6**=
7+7+7+7+7	ou	5 fois **7**=
8+8+8+8+8	ou	5 fois **8**=
9+9+9+9+9	ou	5 fois **9**=

0+0+0+0+0+0	ou	6 fois **0**=
1+1+1+1+1+1	ou	6 fois **1**=
2+2+2+2+2+2	ou	6 fois **2**=
3+3+3+3+3+3	ou	6 fois **3**=
4+4+4+4+4+4	ou	6 fois **4**=
5+5+5+5+5+5	ou	6 fois **5**=
6+6+6+6+6+6	ou	6 fois **6**=
7+7+7+7+7+7	ou	6 fois **7**=
8+8+8+8+8+8	ou	6 fois **8**=
9+9+9+9+9+9	ou	6 fois **9**=

39. — PRODUITS PAR 7

Multiplier un nombre par **7**, c'est ajouter sept fois ce nombre.

Quand on a multiplié un nombre par **6**, on a **6** fois ce nombre, pour le multiplier par **7** on le prend une fois de plus.

Ainsi **6** fois **3** font **18**, donc **7** fois **3** font :

$$18 + 3 = 21.$$

D'après cela, trouver les produits suivants et apprendre les résultats par cœur :

7 fois **0** = **0** × **7** = **0**	**7** fois **5** = **5** × **7** =
7 fois **1** = **1** × **7** = **7**	**7** fois **6** = **6** × **7** =
7 fois **2** = **2** × **7** =	**7** fois **7** = **7** × **7** =
7 fois **3** = **3** × **7** =	**7** fois **8** = **8** × **7** =
7 fois **4** = **4** × **7** =	**7** fois **9** = **9** × **7** =

EXERCICES DE CALCUL MENTAL.

Sur les produits par 2, 3, 4, 5, 6, 7.

1. Un enfant achète 2 toupies qui coûtent 2 sous chaque. Combien a-t-il payé ?

2. Combien pèsent ensemble 2 lettres qui pèsent chacune 9 grammes ?

3. Combien coûtent 3 mètres d'un drap qui vaut 5 fr. le mètre ?

4. Combien coûtent 3 litres d'un vin qui vaut 4 fr. le litre ?

5. Combien coûtent 4 grammes d'antipyrine à 6 sous le gramme ?

6. Un papetier donne 8 feuilles de papier pour un sou. Combien aura-t-on de feuilles de papier pour 4 sous ?

7. Combien coûtent 5 douzaines d'œufs à 9 sous la douzaine ?

8. Un jardinier arrose son jardin avec un arrosoir qui contient 6 litres d'eau. Il le remplit 6 fois pour arroser. Combien a-t-il versé de litres d'eau ?

9. Dans une ménagerie il y a 7 cages et dans chaque cage 3 animaux. Combien y a-t-il d'animaux dans la ménagerie ?

10. Dans une cave il y a 7 bidons de pétrole de 6 litres chacun. Combien de litres de pétrole y a-t-il dans la cave ?

11. Une pièce de 1 fr. pèse 5 grammes. Combien pèsent 7 pièces de 1 fr. ?

40. — PRODUITS PAR 8 ET 9

Multiplier un nombre par **8**, c'est ajouter huit fois ce nombre.

Multiplier un nombre par **9**, c'est ajouter neuf fois ce nombre.

Quand on a multiplié un nombre par **7**, pour le multiplier par **8**, on le prend une fois de plus.

Ainsi, **7** fois **3** font **21**, donc **8** fois **3** font :
$$1 + 3 = 24.$$

Et pour multiplier par **9**, on prend le nombre encore une fois de plus; donc **9** fois **3** font : **24 + 3 = 27**.

D'après cela, trouver les produits suivants et apprendre les résultats par cœur :

8 fois **0** = **0** $\times$ **8** = **0**	9 fois **0** = **0** $\times$ **9** = **0**
8 fois **1** = **1** $\times$ **8** = **8**	9 fois **1** = **1** $\times$ **9** = **9**
8 fois **2** = **2** $\times$ **8** =	9 fois **2** = **2** $\times$ **9** =
8 fois **3** = **3** $\times$ **8** =	9 fois **3** = **3** $\times$ **9** =
8 fois **4** = **4** $\times$ **8** =	9 fois **4** = **4** $\times$ **9** =
8 fois **5** = **5** $\times$ **8** =	9 fois **5** = **5** $\times$ **9** =
8 fois **6** = **6** $\times$ **8** =	9 fois **6** = **6** $\times$ **9** =
8 fois **7** = **7** $\times$ **8** =	9 fois **7** = **7** $\times$ **9** =
8 fois **8** = **8** $\times$ **8** =	9 fois **8** = **8** $\times$ **9** =
8 fois **9** = **9** $\times$ **8** =	9 fois **9** = **9** $\times$ **9** =

EXERCICES DE CALCUL MENTAL.

1. Combien coûtent 8 mètres de drap à 4 fr. le mètre ?

2. Un homme a 9 pièces de 5 fr. dans sa bourse. Combien d'argent a-t-il ?

3. Dans une semaine il y a 7 jours. Combien y a-t-il de jours dans 8 semaines ?

4. Dans une classe il y a 9 bancs et sur chaque banc il y a 9 élèves. Combien y a-t-il d'élèves dans la classe ?

5. Sur la façade d'une maison il y a 8 fenêtres; chaque fenêtre a 6 carreaux. Combien y a-t-il de carreaux en tout dans la façade ?

41. — DIVISION.

PREMIER EXEMPLE. — Dans une corbeille j'ai **12** *noix que je veux partager entre* **4** *enfants. Combien chaque enfant aura-t-il de noix ?*

Puisque chaque enfant doit avoir le même nombre de noix, pour faire ce partage, je donne d'abord une noix à chacun ; j'ai pris ainsi **4** noix. Puis je répète cette distribution autant de fois que cela m'est possible, c'est-à-dire autant de fois qu'il y a **4** noix dans la corbeille.

Après la première distribution il reste **12** noix moins **4** noix ou **8** noix ; après la deuxième il reste **8** noix moins **4** noix ou **4** noix ; après la troisième il reste **4** noix moins **4** noix ou **0**.

J'ai pris **3** fois **4** noix ; chaque enfant aura donc **3** noix.

DEUXIÈME EXEMPLE. — Un enfant a **12** *sous dans sa poche ; combien pourra-t-il acheter de gâteaux à* **4** *sous ?*

Chaque fois qu'il achète un gâteau il doit donner **4** sous ; il aura donc autant de gâteaux qu'il a de fois **4** sous dans sa poche.

Comme il peut donner **3** fois **4** sous il aura **3** gâteaux.

Dans ces deux exemples je retranche plusieurs fois le même nombre **4** ou, ce qui revient au même, je cherche combien de fois le nombre **4** est contenu dans le nombre **12** : je fais une *division*.

Diviser 12 par **4** c'est donc chercher combien de fois le nombre **4** est contenu dans 12.

42. — DIVISION (*Suite*).

Au lieu de faire plusieurs soustractions successives, on trouve le résultat au moyen de la table de multiplication et l'on dit : En **12** combien de fois **4** ? il y va **3** fois, puisque **3** fois **4** font **12**.

Il est donc important de savoir répéter la table en la retournant de la manière suivante :

En **2** il y a **1** fois **2**	En **12** il y a **6** fois **2**
En **4** il y a **2** fois **2**	En **14** il y a **7** fois **2**
En **6** il y a **3** fois **2**	En **16** il y a **8** fois **2**
En **8** il y a **4** fois **2**	En **18** il y a **9** fois **2**
En **10** il y a **5** fois **2**	En **20** il y a **10** fois **2**

Dans les deux exemples que nous avons choisis, la division se fait *sans reste* : **12** contient exactement **3** fois **4**.

Que serait-il arrivé si la corbeille avait contenu **14** noix ou si l'enfant avait eu **14** sous ?

Après la première distribution il serait resté :

14 noix moins **4** noix ou **10** noix.

Après la deuxième distribution il serait resté :

10 noix moins **4** noix ou **6** noix.

Après la troisième distribution il serait resté :

6 noix moins **4** noix ou **2** noix.

Je ne pourrais plus continuer le partage ; chaque enfant aurait encore **3** noix et il en resterait **2** dans la corbeille. Pour la même raison, le petit garçon pourrait acheter **3** gâteaux et il lui resterait **2** sous. Ces **2** noix et ces **2** sous forment le **reste** de la division.

Pour indiquer une division qui se fait *exactement* on se sert du signe **:** qui se lit *divisé par*.

Ainsi on a : **24 : 6 = 4**.

ce qui se lit : **24** *divisé par* **6** *égale* **4**.

43. — SOUS ET CENTIMES

5 centimes ou
1 sou; pièce en cuivre.

10 centimes ou
2 sous; pièce en cuivre.

25 centimes ou
5 sous; pièce en nickel.

50 centimes:
pièce en argent.

1 franc, en argent.

2 francs, en argent.

5 centimes font 1 sou.

Une pièce de **10** centimes vaut deux fois **5** centimes ou **2** sous.

Une pièce de **25** centimes vaut cinq fois **5** centimes ou **5** sous.

Une pièce de **50** centimes vaut dix fois **5** centimes ou **10** sous.

5 francs, en argent.

Une pièce de **1** franc vaut **100** centimes ou deux fois **50** centimes ou **20** sous.

Une pièce de **2** francs vaut deux fois **20** sous ou **40** sous.

Une pièce de **5** francs vaut cinq fois **20** sous ou **100** sous.

TABLE DE MULTIPLICATION

1	fois	1	fait	1	5	fois	1	font	5	9	fois	1	font	9

1 fois 1 fait 1	5 fois 1 font 5	9 fois 1 font 9
1 — 2 — 2	5 — 2 — 10	9 — 2 — 18
1 — 3 — 3	5 — 3 — 15	9 — 3 — 27
1 — 4 — 4	5 — 4 — 20	9 — 4 — 36
1 — 5 — 5	5 — 5 — 25	9 — 5 — 45
1 — 6 — 6	5 — 6 — 30	9 — 6 — 54
1 — 7 — 7	5 — 7 — 35	9 — 7 — 63
1 — 8 — 8	5 — 8 — 40	9 — 8 — 72
1 — 9 — 9	5 — 9 — 45	9 — 9 — 81
1 — 10 — 10	5 — 10 — 50	9 — 10 — 90
2 fois 1 font 2	6 fois 1 font 6	10 fois 1 font 10
2 — 2 — 4	6 — 2 — 12	10 — 2 — 20
2 — 3 — 6	6 — 3 — 18	10 — 3 — 30
2 — 4 — 8	6 — 4 — 24	10 — 4 — 40
2 — 5 — 10	6 — 5 — 30	10 — 5 — 50
2 — 6 — 12	6 — 6 — 36	10 — 6 — 60
2 — 7 — 14	6 — 7 — 42	10 — 7 — 70
2 — 8 — 16	6 — 8 — 48	10 — 8 — 80
2 — 9 — 18	6 — 9 — 54	10 — 9 — 90
2 — 10 — 20	6 — 10 — 60	10 — 10 — 100
3 fois 1 font 3	7 fois 1 font 7	11 fois 1 font 11
3 — 2 — 6	7 — 2 — 14	11 — 2 — 22
3 — 3 — 9	7 — 3 — 21	11 — 3 — 33
3 — 4 — 12	7 — 4 — 28	11 — 4 — 44
3 — 5 — 15	7 — 5 — 35	11 — 5 — 55
3 — 6 — 18	7 — 6 — 42	11 — 6 — 66
3 — 7 — 21	7 — 7 — 49	11 — 7 — 77
3 — 8 — 24	7 — 8 — 56	11 — 8 — 88
3 — 9 — 27	7 — 9 — 63	11 — 9 — 99
3 — 10 — 30	7 — 10 — 70	11 — 10 — 110
4 fois 1 font 4	8 fois 1 font 8	12 fois 1 font 12
4 — 2 — 8	8 — 2 — 16	12 — 2 — 24
4 — 3 — 12	8 — 3 — 24	12 — 3 — 36
4 — 4 — 16	8 — 4 — 32	12 — 4 — 48
4 — 5 — 20	8 — 5 — 40	12 — 5 — 60
4 — 6 — 24	8 — 6 — 48	12 — 6 — 72
4 — 7 — 28	8 — 7 — 56	12 — 7 — 84
4 — 8 — 32	8 — 8 — 64	12 — 8 — 96
4 — 9 — 36	8 — 9 — 72	12 — 9 — 108
4 — 10 — 40	8 — 10 — 80	12 — 10 — 120

EXERCICES
sur l'addition, la soustraction, la multiplication et la division des cent premiers nombres.

CALCUL MENTAL.

ADDITION.

1. Compter de 2 en 2 depuis o jusqu'à 5o et de 1 à 49.

2. Compter de 3 en 3 de o à 48, de 1 à 49, de 2 à 5o.

3. Ajouter 2, puis 1, puis 3 jusqu'à 6o de la manière suivante : 2 et 1 font 3 et 3 font 6 et 2 font 8....

4. Compter de 4 en 4 de o à 6o, de 2 à 5o, de 1 à 61, de 3 à 51.

5. Compter jusqu'à 6o, comme dans l'exemple 3, en ajoutant les nombres 1, 2, 3, 4 dans l'ordre suivant : $4 + 1 + 3 + 2, + 4....$

6. Compter de 5 en 5, de 5 à 1oo, de 1 à 61, de 2 à 52, de 3 à 63, de 4 à 64.

7. Compter jusqu'à 9o en ajoutant les nombres 1, 2, 3, 4, 5, dans l'ordre suivant : $5 + 2 + 4 + 3 + 1$

8. Combien font :

1 et 3 ?   2 et 5 ?   3 et 6 ?   5 et 3 ?   7 et 2 ?   4 et 5 ?   6 et 4 ?
1o et 3o ?   2o et 5o ?   3o et 6o ?   5o et 3o ?   7o et 2o ?
4o et 5o ?   6o et 4o ?

9. Compléter les additions suivantes en remplaçant les points par des chiffres :

$$12 = 9 + .. \quad = 5 + . \quad = 6 + . \quad = 4 + . = \quad . + 7 = \quad . + 8$$
$$13 = 8 + . \quad = 4 + . \quad = 7 + . \quad = 9 + . = \quad . + 5 = \quad . + 3$$
$$11 = 2 + . \quad = 5 + . \quad = 3 + . \quad = 4 + . = \quad . + 8 = \quad . + 6$$

10. Dire : 2 et 3 font 5, et 4 font 9, et 5 font 14; puis 32 et 3 font 35 et 4 font 39 et 5 font 44, etc.

$$2 + 3 + 4 + 5 = \qquad 3 + 5 + 2 + 4 = \qquad 4 + 1 + 3 + 5 + 2 =$$
$$32 + 3 + 4 + 5 = \qquad 23 + \ldots\ldots = \qquad 34 + \ldots\ldots =$$
$$42 + 3 + 4 + 5 = \qquad 53 + \ldots\ldots = \qquad 54 + \ldots\ldots =$$
$$72 + 3 + 4 + 5 = \qquad 634 + \ldots\ldots = \qquad 24 + \ldots\ldots =$$
$$82 + 3 + 4 + 5 = \qquad 73 + \ldots\ldots = \qquad 64 + \ldots\ldots =$$

SOUSTRACTION.

11. Compter de 1 en 1 de 5o à 1, de 8o à 5o, de 1oo à 6o.

12. Compter de 2 en 2 de 5o à 2, de 51 à 1.

13. Compter de 6o à o en retranchant successivement 2 puis 1 de la manière suivante : 6o moins 2 font 58, moins 1 font 57, moins 2 font 55....

14. Compter de 3 en 3 de 48 à o, de 49 à 1, de 5o à 2.

15. Compter de 6o à o comme dans l'exemple 3 en retranchant toujours dans le même ordre d'abord 3 puis 1 puis 2.

16. $\qquad 12 - 5 = 7$ donc $32 - 7 =$,
$$72 - 7 = \quad , \quad 42 - 7 = \quad , \quad 82 - 7 = \quad , \quad 62 - 7 =$$

17. $9 - 3 = 6$ donc $29 - 3 =$
$19 - 3 =$, $59 - 3 =$, $79 - 3 =$, $99 - 3 =$

18. Puisque $8 - 5 = 3$ Combien font $18 - 5$,
$38 - 5$, $28 - 5$, $68 - 5$, $78 - 5$?

19. Puisque $15 - 7 = 8$ Combien font $25 - 7$,
$45 - 7$, $95 - 7$, $35 - 7$, $65 - 7$?

MULTIPLICATION.

Revoir la table de multiplication en faisant successivement pour tous les chiffres chacun des exercices suivants :

20. $\quad$ 1 $\quad$ 2 $\quad$ 3 $\quad$ 4 $\quad$ 5 $\quad$ 6 $\quad$ 7 $\quad$ 8 $\quad$ 9 $\quad$ 10
$\quad$ 2 fois 1 font . $\quad$ 2 fois 2 . $\quad$ 2 fois 3 . etc.

21. en rétrogradant : 10 $\quad$ 9 $\quad$ 8 $\quad$ 7 $\quad$ 6 $\quad$ 5 $\quad$ 4 $\quad$ 3 $\quad$ 2 $\quad$ 1
$\quad$ 2 fois 10 font . $\quad$ 2 fois 9 font . $\quad$ 2 fois 8 font .

22. en mélangeant les chiffres : 4 $\quad$ 7 $\quad$ 5 $\quad$ 8 $\quad$ 2 $\quad$ 9 $\quad$ 3 $\quad$ 6 $\quad$ 10
$\quad$ 2 fois 4.... $\quad$ 2 fois 7....

23. 2 fois . $= 10$ $\quad$ 2 fois . $= 2$ $\quad$ 2 fois . $= 18$ $\quad$ 2 fois . $= 6$
$\quad$ 2 fois . $= 16$ $\quad$ 2 fois . $= 4$ $\quad$ 2 fois . $= 14$ $\quad$ 2 fois . $= 8$
$\quad$ 2 fois . $= 12$ $\quad$ 2 fois . $= 20$ $\quad$ 2 fois . $= 22$ $\quad$ 2 fois . $= 24$

24. $\quad$. $\times 2 = 8$ $\quad$. $\times 2 = 14$ $\quad$. $\times 2 = 6$ $\quad$. $\times 2 = 16$
$\quad$. $\times 2 = 4$ $\quad$. $\times 2 = 12$ $\quad$. $\times 2 = 20$ $\quad$. $\times 2 = 10$
$\quad$. $\times 2 = 18$ $\quad$. $\times 2 = 2$ $\quad$. $\times 2 = 22$ $\quad$. $\times 2 = 24$

DIVISION.

25. Compter de 3 en 3, de 30 à 0 et dire :
En 30 il y a 10 fois 3 ; en 27 il y a 9 fois 3 ; en 24 il y 8 fois 3, etc.
Même exercice de 4 en 4, de 40 à 0 ; de 5 en 5, de 50 à 0 ;
de 6 en 6, de 60 à 0 ; de 7 en 7, de 70 à 0 ; de 8 en 8, de 80 à 0 ;
de 9 en 9, de 90 à 0.

26.

$8 : 2 =$	$36 : 4 =$	$12 : 6 =$	$80 : 8 =$
$12 : 2 =$	$16 : 4 =$	$36 : 6 =$	$32 : 8 =$
$16 : 2 =$	$20 : 4 =$	$42 : 6 =$	$72 : 8 =$
$18 : 2 =$	$32 : 4 =$	$54 : 6 =$	$48 : 8 =$
$14 : 2 =$	$24 : 4 =$	$30 : 6 =$	$64 : 8 =$
$6 : 3 =$	$15 : 5 =$	$21 : 7 =$	$27 : 9 =$
$15 : 3 =$	$45 : 5 =$	$63 : 7 =$	$45 : 9 =$
$9 : 3 =$	$25 : 5 =$	$49 : 7 =$	$63 : 9 =$
$21 : 3 =$	$30 : 5 =$	$28 : 7 =$	$54 : 9 =$
$27 : 3 =$	$20 : 5 =$	$56 : 7 =$	$81 : 9 =$

27. En 16 il y a 4 fois . ou 2 fois . ou 8 fois .
$\quad$ En 20 — 2 fois . ou 4 fois . ou 5 fois .
$\quad$ En 36 — 9 fois . ou 6 fois . ou 4 fois .
$\quad$ En 24 — 6 fois . ou 3 fois . ou 4 fois .

28. $15 : 2 =$ et il reste . $\qquad$ $17 : 3 =$ et il reste .
$\quad$ $35 : 4 =$ et il reste . $\qquad$ $49 : 5 =$ et il reste .
$\quad$ $27 : 6 =$ et il reste . $\qquad$ $46 : 7 =$ et il reste .
$\quad$ $31 : 8 =$ et il reste . $\qquad$ $68 : 9 =$ et il reste .

PROBLÈMES DE RÉCAPITULATION
A faire oralement de préférence.

ADDITION.

1. Un élève qui a été premier en composition a reçu 10 fr. de son père et 5 fr. de sa mère. Combien a-t-il reçu en tout ?

2. Un père a 28 ans à la naissance de son fils. Quel âge aura le père quand le fils aura 5 ans ?

3. Un enfant a 12 ans. Quel âge aura-t-il dans 20 ans ?

4. Quelle était la longueur d'une pièce de toile dont il reste encore 13 mètres quand on en a déjà vendu 40 ?

5. On a acheté pour 75 fr. de marchandises et on veut, en les revendant, réaliser un bénéfice de 8 fr. Combien doit-on les revendre ?

6. Une personne paie une dette de 87 fr.; après l'avoir payée, il lui reste 6 fr. Combien avait-elle ?

7. Un vase vide pèse 20 grammes; on le remplit avec 47 grammes d'eau. Quel est alors son poids ?

8. Dans une famille, le père gagne par semaine 34 fr., le fils 20 fr. et la mère 10 fr. Quelle est la somme gagnée par cette famille en une semaine ?

9. Dans une usine on emploie 50 hommes, 17 femmes et 8 enfants. Quel est le nombre de personnes qui travaillent dans cette usine ?

10. Un marchand a acheté trois pièces de drap : la première a 20 mètres de long, la deuxième 10 mètres et la troisième 17 mètres. Combien de mètres a-t-il achetés en tout ?

11. Une personne doit 15 fr. à l'épicier, 25 fr. au boulanger et 26 fr. au boucher. Combien doit-elle en tout ?

12. Un verger renferme 60 pommiers, 15 poiriers, 7 pruniers, 3 pêchers et 6 abricotiers. Combien y a-t-il d'arbres fruitiers dans ce verger ?

13. Un ouvrier a pu économiser 20 fr. pendant le premier trimestre, 30 fr. pendant le second, 19 fr. pendant le troisième et 8 fr. pendant le quatrième. Quelle somme a-t-il économisée au bout de l'année ?

14. Un marchand a reçu pour une vente 20 fr., pour une seconde vente 30 fr., et pour une troisième 13 fr. Quelle est sa recette totale ?

15. Trois ouvriers ont gagné : le premier 30 fr., le second 17 fr., et le troisième 9 fr. Quelle somme faudra-t-il pour les payer ?

16. Henri a 3 ans de plus que Louis; Louis a 4 ans de plus que Jules, qui a 7 ans de plus qu'Auguste; ce dernier a 25 ans. Quel est l'âge d'Henri ?

17. Après avoir tiré d'un tonneau 10 litres de vin, puis 40 litres, puis enfin 16 litres, il en reste encore 8 litres. Quelle est la contenance de ce tonneau ?

18. Un ouvrier dépense 18 fr. par semaine pour sa nourriture, 10 fr. pour ses menus frais, 9 fr. pour son logement, et il économise 6 fr. Que gagne-t-il par semaine ?

19. Trois fontaines remplissent un bassin en une heure ; la première débite 20 litres à l'heure, la seconde 40 litres, et la troisième 49 litres. Quelle est la contenance du bassin ?

SOUSTRACTION.

20. Un enfant aura 14 ans dans 8 ans. Quel est son âge actuel ?

21. Si j'avais 24 fr. de plus dans mon porte-monnaie j'aurais 29 fr. Combien ai-je ?

22. Une ménagère va au marché emportant une pièce de 20 fr. ; elle dépense 14 fr. Combien lui reste-t-il après ses achats ?

23. Quel nombre faut-il ajouter à 51 pour obtenir 59 ?

24. D'un bassin contenant 25 litres d'eau on en tire 19 litres. Combien reste-t-il de litres d'eau dans le bassin ?

25. Un objet qu'on avait acheté 25 fr. a pu être revendu 31 fr. Quel est le bénéfice réalisé sur la vente ?

26. En revendant un objet 13 fr. on a réalisé un bénéfice de 6 fr. Combien l'avait-on acheté ?

27. Un marchand, qui avait acheté du drap à raison de 45 fr. le mètre, n'a pu le revendre que 41 fr. Quelle perte a-t-il subie sur la vente d'un mètre de ce drap ?

28. Il y a 2 ans, un enfant avait 14 ans. Quel âge a-t-il maintenant, quel âge avait-il il y a 7 ans ?

29. Un élève a une leçon de 32 lignes à apprendre par cœur ; il en sait déjà 25. Combien lui en reste-t-il à savoir ?

30. Une personne avait acheté 12 vases, et dans l'envoi il s'en est cassé 3. Combien lui en reste-t-il ?

31. Une personne a une dette de 85 fr. et elle paie 77 fr. Que redoit-elle ?

32. De combien augmente-t-on le nombre 78 en le retournant ?

33. Un ouvrier doit terminer un travail en 15 jours et il ne lui reste plus que pour 6 jours d'ouvrage. Combien de jours a-t-il déjà consacrés à ce travail ?

34. Un joueur a perdu 35 fr. et il avait 43 fr. avant de jouer. Combien lui reste-t-il ?

35. Il y avait 18 chevaux dans une écurie ; on en a vendu 9. Combien en reste-t-il ?

36. Un enfant avait 45 billes ; il en a perdu 39. Combien lui en reste-t-il ?

37. Dans un seau de 22 litres de capacité, on a déjà versé 13 litres d'eau. Combien faut-il encore de litres pour le remplir complètement ?

38. Un escalier a 42 marches et on en a déjà monté 36. Combien de marches reste-t-il à monter ?

39. Les vacances doivent durer 60 jours et un élève en a déjà passé 52 à la campagne. Combien de jours doivent encore s'écouler avant la rentrée ?

MULTIPLICATION.

40. Un marchand donne 8 plumes pour un sou. Combien en donnera-t-il pour 5 sous?

41. Un ouvrier gagne 6 fr. par jour. Qu'a-t-il gagné en 8 jours?

42. Pour payer une dette de 40 fr. on a donné 8 pièces de 5 fr. Que reste-t-il?

43. Un appartement a 9 fenêtres, et chacune de ces fenêtres a 6 carreaux. Combien y a-t-il de carreaux dans l'appartement?

44. Un enfant a fait 8 tas de chacun 6 billes. Combien avait-il de billes?

45. Deux joueurs conviennent que le perdant doublera la mise du gagnant; le second a mis 9 fr. au jeu et gagne. Combien le premier joueur doit-il au second?

46. Un verger renferme 8 rangées de chacune 9 arbres fruitiers. Combien y a-t-il d'arbres dans ce verger?

47. Combien y a-t-il d'élèves dans une classe renfermant 8 tables de 7 élèves chacune?

48. Combien y a-t-il de jours dans 9 semaines?

49. On a acheté 7 mètres de drap à 6 fr. le mètre. Que doit-on?

50. Une pièce de 1 fr. en argent pèse 5 grammes. Que pèsent 9 pièces de 1 fr.?

51. Une maison a 4 étages, et à chaque étage il y a 9 fenêtres. Combien la maison a-t-elle de fenêtres?

52. Une ménagère gagne 6 sous par heure. Qu'a-t-elle gagné après une journée de 8 heures de travail?

53. Un marchand a gagné 7 fr. sur la vente d'une caisse d'oranges. Combien gagnera-t-il en vendant 7 caisses?

54. Un élève a reçu pour prix 6 volumes qui valent chacun 4 fr. Pour quelle somme a-t-il reçu de prix?

55. Combien valent 9 pièces de 5 fr.?

56. Combien coûtent 4 douzaines de mouchoirs à 9 fr. la douzaine?

57. En partageant une certaine somme entre 7 personnes, chacune d'elles a eu 8 fr. Quelle est la somme partagée?

58. Un coureur fait 8 fois le tour d'une piste en une minute. Combien a-t-il fait de tours en 9 minutes?

59. Il faut 2 grammes de poudre pour faire une cartouche. Combien faut-il de poudre pour faire 9 cartouches?

60. Un père a 7 enfants. Il donne à chacun 6 sous. Combien a-t-il donné de sous?

61. Sur une place publique il y a 6 rangées de 8 arbres chacune. Combien y a-t-il d'arbres sur la place?

62. On a dix plumes pour un sou. Combien a-t-on de plumes pour 7 sous?

63. Combien y a-t-il de centimes dans 1 sou? 2 sous? 3, 4, 5, 6, 7, 8, 9, 10 sous?

64. Combien y a-t-il de sous dans 1 franc? dans 2 francs? 3, 4, 5, 10 francs.

65. Une personne a donné 2 sous à chacun des pauvres qu'elle a rencontrés; elle a donné ainsi 16 sous. Combien a-t-elle vu de pauvres?

66. Un élève a payé 10 sous pour 2 cahiers. Quel est le prix de chaque cahier?

67. Dans une pièce de toile de 18 mètres on taille des draps de 3 mètres de long chacun. Combien de draps pourra-t-on faire?

68. On donne 21 oranges à 3 enfants. Quelle sera la part de chaque enfant?

69. Un ouvrier a reçu 28 fr. pour 4 jours de travail. Combien est-il payé par jour?

70. Un voyageur a 32 kilomètres à faire. Il marche à la vitesse de 4 kilomètres à l'heure. En combien d'heures fera-t-il le trajet?

71. Combien faut-il de pièces de 5 fr. pour payer une somme de 45 fr.?

72. Une fontaine a versé 35 litres d'eau en 5 minutes. Combien verse-t-elle par minute?

73. Un journalier qui ne travaille pas le dimanche a reçu 42 fr. pour une semaine de travail. Que gagne-t-il par jour?

74. Combien peut-on acheter de volumes qui coûtent 6 fr. l'exemplaire avec une somme de 54 fr.?

75. Dans un baquet qui contient 49 litres d'eau on puise avec un seau qui contient 7 litres. Combien de fois pourra-t-on remplir le seau complètement?

76. Combien de semaines dans 63 jours?

77. Un marchand donne 8 billes pour un sou. Combien devra-t-on donner de sous pour avoir 40 billes?

78. On partage 72 noix et 32 pommes entre 8 enfants. Combien chaque enfant aura-t-il de noix? de pommes?

79. 9 bouteilles de vin de Champagne ont coûté 36 francs. Trouver le prix d'une bouteille.

80. Combien pourrait-on obtenir de rangées, de chacune 9 soldats, avec une boîte qui renferme 81 soldats?

81. Une mère a 24 gâteaux qu'elle veut partager entre ses 5 enfants. Combien pourra-t-elle donner de gâteaux à chaque enfant? Restera-t-il des gâteaux et combien?

82. Une cuisinière achète 6 kilogrammes de viande à 3 fr. le kilogramme. Que lui restera-t-il si elle avait emporté 20 fr.?

83. Quel est le nombre qui répété 7 fois fait 56?

84. On veut placer 34 élèves sur 8 rangs. Combien y aura-t-il d'élèves sur chaque rangée? Combien en restera-t-il à placer?

85. Combien y a-t-il de sous dans 15 centimes? 25 centimes? 30 centimes? 10 centimes?

De CENT à MILLE

44. — LA DEUXIÈME CENTAINE

Dix dizaines font une centaine ou un cent.

Ajoutons des bâtons, un à un, à la centaine.

Aussitôt qu'il y en aura dix, nous les réunirons par paquets de dix. Lorsque nous aurons dix paquets de dix, nous en ferons encore une centaine.

Nous continuerons de même, jusqu'à ce que nous ayons fait dix centaines.

Une centaine et un	font	cent un.
Une centaine et deux	—	cent deux.
Une centaine et trois	—	cent trois.
Une centaine et quatre	—	cent quatre.
Une centaine et cinq	—	cent cinq.
Une centaine et six	—	cent six.
Une centaine et sept	—	cent sept.
Une centaine et huit	—	cent huit.
Une centaine et neuf	—	cent neuf.
Une centaine et dix	—	cent dix.
Une centaine et onze	—	cent onze.
Une centaine et douze	—	cent douze.
Une centaine et treize	—	cent treize.

Continuer jusqu'à....

Une centaine et vingt	—	cent vingt.
Une centaine et vingt et un	—	cent vingt et un.
Une centaine et vingt-deux	—	cent vingt-deux.

45. — LA DEUXIÈME CENTAINE (*Suite*)

Une centaine et vingt-trois   font cent vingt-trois.
Une centaine et vingt-quatre — cent vingt-quatre.

Continuer jusqu'à....

Une centaine et trente   — cent trente.
Une centaine et trente et un — cent trente et un.

Continuer jusqu'à :...

Une centaine et quarante   — cent quarante.
Une centaine et quarante et un — cent quarante
                                 et un.

Continuer jusqu'à.....

Une centaine et cinquante   — cent cinquante.

Continuer jusqu'à.....

Une centaine et soixante   — cent soixante.

Continuer jusqu'à. ...

Une centaine et soixante-dix — cent soixante-dix.
Une centaine et soixante et onze font cent soixante
  et onze.
Une centaine et soixante-douze font cent soixante-
  douze.
Une centaine et quatre-vingts font cent quatre-
  vingts.
Une centaine et quatre-vingt-dix font cent quatre-
  vingt-dix.
Une centaine et cent font deux centaines.

Deux centaines se nomment deux cents.

QUESTIONNAIRE :

Combien font :

Cent et deux dizaines ; cent et dix et sept ; cent et deux dizaines et trois ; cent et dix et un ; cent et trois dizaines ; cent et quatre dizaines et cinq ; cent et dix et trois ; cent et six dizaines ; cent et sept dizaines ; cent et dix et quatre ; cent et sept dizaines et quatre ; cent et huit dizaines ; cent et neuf dizaines ; cent et dix et deux ; cent et sept dizaines et deux ; cent et neuf dizaines et deux ; cent et dix dizaines ?

46. — LA TROISIÈME CENTAINE

Cent et cent font **deux cents.**

Ajoutons encore des unités aux deux centaines, jusqu'à ce que nous en ayons assez pour faire une troisième centaine.

Nous formerons les nombres suivants, comme nous avons formé les nombres entre cent et deux cents.

Deux centaines et un   font **deux cent un.**
Deux centaines et deux   — **deux cent deux.**
Deux centaines et trois   — **deux cent trois.**
Deux centaines et quatre   — **deux cent quatre.**
   Et ainsi de suite.
Deux centaines et dix   — **deux cent dix.**
Deux centaines et vingt   — **deux cent vingt.**
Deux centaines et trente   — **deux cent trente.**
Deux centaines et quarante   — **deux cent quarante.**
Deux centaines et cinquante font **deux cent cinquante.**
Deux centaines et soixante font **deux cent soixante.**
Deux centaines et soixante-dix font **deux cent soixante-dix.**
Deux centaines et quatre-vingts font **deux cent quatre-vingts.**
Deux-centaines et quatre-vingt-dix font **deux cent quatre-vingt-dix.**
Deux centaines et cent font **trois centaines.**

Trois centaines se nomment trois cents.

---

47. — LA QUATRIÈME CENTAINE

Deux cents et cent font **trois cents.**

Ajoutons encore des bâtons aux trois centaines jusqu'à ce que nous en ayons assez pour faire une nouvelle centaine.

Trois centaines et un   font trois cent un.
Trois centaines et deux   — trois cent deux.

Continuer jusqu'à....

Trois centaines et dix   — trois cent dix.
Trois centaines et onze   — trois cent onze.

Continuer jusqu'à....

Trois centaines et vingt   — trois cent vingt.
Trois centaines et trente   — trois cent trente.
Trois centaines et quarante — trois cent quarante.
Trois centaines et cinquante font trois cent cinquante.
Trois centaines et soixante font trois cent soixante.
Trois centaines et soixante-dix font trois cent soixante-dix.
Trois centaines et quatre-vingts font trois cent quatre-vingts.
Trois centaines et quatre-vingt-dix font trois cent quatre-vingt-dix.
Trois centaines et cent font quatre centaines.

Quatre centaines se nomment quatre cents.

QUESTIONNAIRE :

Combien font :
Trois centaines et sept dizaines; deux centaines et dix et deux; trois cents et neuf dizaines et deux; deux cents et huit dizaines et quatre; deux centaines et neuf dizaines et cinq; trois centaines et dix et quatre?

48. — LA CINQUIÈME CENTAINE

Trois cents et cent font
quatre cents.

Ajoutons, une à une, des unités aux quatre centaines jusqu'à ce qu'il y en ait assez pour faire une nouvelle centaine.

Quatre centaines et un font **quatre cent un.**
Quatre centaines et deux font **quatre cent deux.**

Et ainsi de suite.

Quatre centaines et quatre-vingt-dix-huit font **quatre cent quatre-vingt-dix-huit.**
Quatre centaines et quatre-vingt-dix-neuf font **quatre cent quatre-vingt-dix-neuf.**
Quatre centaines et cent font **cinq centaines.**

Cinq centaines se nomment
cinq cents.

LA SIXIÈME CENTAINE

Quatre cents et cent font
cinq cents.

Continuons à former les nombres de la même manière.
Ajoutons toujours des unités.

Cinq centaines et un font **cinq cent un.**

Et ainsi de suite jusqu'à....

Cinq centaines et cent font **six centaines.**

Six centaines se nomment
six cents.

49. — LA SEPTIÈME CENTAINE

Six centaines et un font six cent un.

Et ainsi de suite jusqu'à....

Six centaines et cent font sept centaines.

Sept centaines se nomment sept cents.

LA HUITIÈME CENTAINE

Sept centaines et un font sept cent un.

Et ainsi de suite jusqu'à....

Sept centaines et cent font huit centaines.

Huit centaines se nomment huit cents.

LA NEUVIÈME CENTAINE

Huit centaines et un font huit cent un.

Et ainsi de suite jusqu'à....

Huit centaines et cent font neuf centaines.

Neuf centaines se nomment neuf cents.

LA DIXIÈME CENTAINE

Neuf centaines et un font neuf cent un.

Et ainsi de suite jusqu'à....

Neuf centaines et cent font dix centaines.

Dix centaines se nomment mille.

Dix fois cent font mille.

50. — RÉSUMÉ

Un objet quelconque, un bâton, une plume, un cahier, se nomme une **unité.**

Il faut réunir Dix unités pour faire une **Dizaine.**

Il faut réunir Dix dizaines pour faire une **Centaine.**

Il faut réunir Dix centaines pour faire un **Mille.**

Donc, lorsqu'on voudra compter un grand nombre d'objets, on groupera les unités pour former des dizaines; puis les dizaines pour former des centaines; puis, enfin, les centaines pour former des mille.

Les nombres de *un* à *mille* forment ce qu'on appelle les nombres de la **première classe** ou **classe des unités.**

Cette classe des unités contient donc : *les unités simples, les dizaines d'unités et les centaines d'unités.*

QUESTIONNAIRE :

1. Combien font :

Six centaines dix et trois; sept centaines sept dizaines et sept; cinq cents six dizaines et un; huit centaines huit dizaines et trois; dix centaines; neuf centaines et neuf dizaines; sept centaines neuf dizaines et quatre; six centaines et trois; quatre centaines sept dizaines et deux?

2. Combien y a-t-il de centaines, dizaines et unités dans :

Trois cent soixante-quinze; sept cent quatre-vingt-trois; deux cent quatorze; cinq cent soixante-six; deux cent trois; neuf cent quatre-vingt-dix-neuf; huit cent onze; mille; sept cent cinquante-sept?

3. Qu'appelle-t-on première classe ou classe des unités?

51. — ÉCRITURE DES NOMBRES ENTRE CENT ET MILLE

Pour écrire en chiffres un nombre plus petit que mille :

On écrit d'abord le nombre de **centaines**,
ensuite le nombre de **dizaines**,
et enfin le nombre d'**unités** qui le composent.

En commençant par la droite :

Les Unités du premier ordre ou unités simples se placent au premier rang.

Les unités du deuxième ordre ou dizaines se placent au deuxième rang.

Les unités du troisième ordre ou centaines se placent au troisième rang.

Dans *deux cent vingt et un*, il y a **2** centaines **2** dizaines et **1** unité. Donc ce nombre s'écrit **221**.

RANGS	3ᵉ Centaines.	2ᵉ Dizaines.	1ᵉʳ Unités.
Deux cent vingt et un	**2**	**2**	**1**
Trois cent quarante-deux.	**3**	**4**	**2**
Cinq cent quatre-vingt-dix-sept. . . .	**5**	**9**	**7**
Quatre cent neuf.	**4**	**0**	**9**
Cinq cents	**5**	**0**	**0**

Mille s'écrit 1000.

QUESTIONNAIRE

1. Comment écrit-on les nombres : *Six cent deux; trois cent cinquante-quatre; deux cent soixante-dix; sept cent treize; six cent quatre-vingt-trois; neuf cent quatre-vingt-treize; quatre cent soixante-quinze; sept cent huit; cent quarante-sept; cent quatre-vingt-dix-neuf; huit cent cinquante?*

52. — LECTURE DES NOMBRES DE TROIS CHIFFRES

Pour lire un nombre de trois chiffres :

On lit d'abord le premier chiffre à gauche qu'on fait suivre du mot **cent**,

puis le nombre formé par les deux chiffres suivants.

Ainsi	**41**	se lit	*quarante et un;*
donc	**341**	se lit	*trois cent quarante et un.*
	72	se lit	*soixante-douze;*
donc	**872**	se lit	*huit cent soixante-douze.*
	13	se lit	*treize;*
donc	**113**	se lit	*cent treize.*

De même.

495	se lit	*quatre cent quatre-vingt-quinze.*
203	se lit	*deux cent trois.* — (Ici à cause

du zéro, il n'y a pas de dizaines).

700	se lit	*sept cents.*

QUESTIONNAIRE :

1. Comment se lisent les nombres :
752, 633, 721, 216, 135, 198, 207, 375, 104,
404, 629, 875, 901, 246, 777, 999, 1000.

2. Combien font : dix dizaines? vingt dizaines? cinquante dizaines? quatre-vingts dizaines? cent dizaines? douze dizaines? vingt-trois dizaines? cinquante-sept dizaines? soixante-dix dizaines? soixante-treize dizaines?

EXERCICES :

3. Un caissier a dans sa caisse 3 billets de cent francs, 4 pièces de dix francs et 7 pièces de 1 franc. Combien a-t-il dans sa caisse?

4. Dans un porte-monnaie il y a 1 billet de cent francs, 8 pièces d'or de dix francs et 2 pièces d'argent de un franc. Combien y a-t-il dans le porte-monnaie?

5. Un acheteur, pour payer ce qu'il doit, donne 2 billets de cent francs, 10 pièces d'or de dix francs, et 1 pièce de 5 francs. Combien a-t-il payé?

53. — SYSTEME METRIQUE

Le mot déca signifie **dizaine;**
Le mot hecto signifie **centaine;**
Le mot kilo signifie **mille.**

Les *multiples* simples du *mètre* sont :

Le décamètre qui vaut *dix mètres* ;
L'hectomètre qui vaut *cent mètres* ;
Le kilomètre qui vaut *mille mètres*.

On compte les distances en hectomètres et kilomètres.

Le long des routes il y a des bornes (grosses pierres) pour indiquer les hectomètres et les kilomètres.

On désigne *légalement*, en abrégé :

le mètre par *m*,
le décamètre par *dam*,
l'hectomètre par *hm*,
le kilomètre par *km*.

Dix décamètres font dix fois dix mètres ou cent mètres ou **un hectomètre.**

Dix hectomètres font dix fois cent mètres ou mille mètres ou **un kilomètre.**

Cent décamètres font cent fois dix mètres ou mille mètres ou **un kilomètre.**

---

1. Combien y a-t-il de mètres dans :

Un hectomètre? 4 hectomètres? 7^{hm}? un kilomètre? 3 décamètres? 6 décamètres? 2^{dam}? 2^{dam}? 3^m? 4^{dam} 6^m? 3 hm 7^{dam}? 1^{hm} 2^{dam}? 7^m? 8^{hm}? 9^m?

2. Combien y a-t-il de décamètres dans :

Un hectomètre? 6^{hm}? un kilomètre? 7^{km}?

3. Combien y a-t-il d'hectomètres dans :

Un kilomètre? 3^{km}? 5^{km}?

54. — SYSTÈME MÉTRIQUE (Suite)

Les *multiples* du *litre* sont :

Le **décalitre** qui vaut *dix* litres ;

L'**hectolitre**, qui vaut *cent* litres ;

Le **kilolitre**, qui vaut *mille* litres.

Le décalitre se nomme communément *boisseau*.

dix décalitres font dix fois dix litres, ou cent litres, ou **un hectolitre.**

Les *multiples* du *gramme* sont :

Le **décagramme** qui vaut *dix* grammes ;

L'**hectogramme** qui vaut *cent* grammes ;

Le **kilogramme** qui vaut *mille* grammes.

Dix décagrammes font dix fois dix, ou cent grammes, ou un hectogramme ;

Dix hectogrammes font dix fois cent, ou mille grammes, ou **un kilogramme** ;

Cent décagrammes font cent fois dix, ou mille grammes, ou **un kilogramme.**

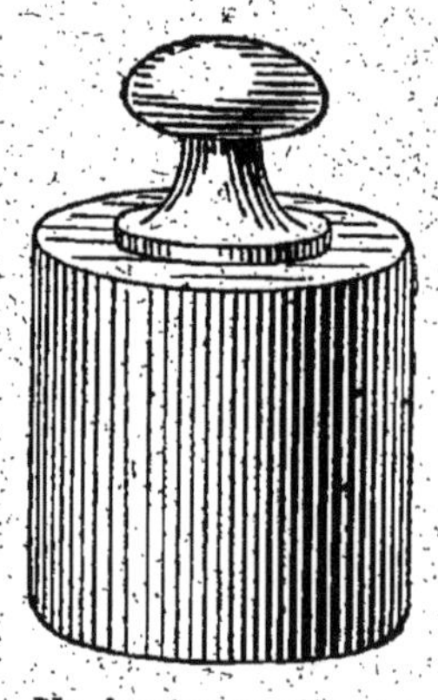

Un hectogramme ou
100 grammes,
grandeur réelle.

On désigne *légalement*, en abrégé :

le litre	par *l*,	le gramme	par *g*,
le décalitre	par *dal*,	le décagramme	par *dag*,
l'hectolitre	par *hl*,	l'hectogramme	par *hg*,
le kilolitre	par *kl*,	le kilogramme	par *kg*.

1. Combien y a-t-il de litres dans : *Un hectolitre ?* 4^{hl} ? 7^{hl} ? 2^{dal} ? 3^{dal} ? 4^{hg} ? 8^{hg} ? 7^{hg} ? 5^{dag} ? 2^{g} ? 3^{hg} ? 8^{dag} ? 1^{kg} ? 9^{hg} ? 6^{dag} ? 1^{hg} ?

2. Combien y a-t-il de grammes dans : *Un kilogramme ?* 2^{hg} ?

3. Combien y a-t-il de décagrammes dans : *Un hectogramme ?* 4^{hg} ? 6^{kg} ? 2^{kg} ? 3^{hg} ?

EXERCICES
sur la numération des nombres de cent à mille.

CALCUL MENTAL.

1. Comptez de dix en dix depuis dix jusqu'à cinq cents.

2. Comptez de vingt en vingt de vingt à quatre cents.

3. Comptez de vingt en vingt de dix à trois cent cinquante.

4. Comptez de cinquante en cinquante depuis cinquante à mille.

5. Comptez de un en un de 90 à 150, de 150 à 220, de 280 à 330.

6. Comptez de deux en deux de 400 à 500, de 951 à 999.

7. Quel est le nombre qui suit 99, 199, 399, 699, 999?

8. Quel est le nombre qui précède 200, 300, 500, 800, 900, mille?

9. Quel est le plus petit nombre de trois chiffres? le plus grand?

10. Que représente le chiffre 8 quand il est seul? quand on ajoute un zéro à sa droite? deux zéros?

11. Quelles unités représente le chiffre 6 dans 600? dans 60? dans 6?

12. Puisque déca = dizaine, hecto = centaine, dire ce que représentent les chiffres 5, 3, 8, dans les nombres 835 pommes, 835 mètres, 835 grammes, 835 litres?

13. Quels sont les nombres formés de 20 dizaines, 40 dizaines, 60 dizaines, 90 dizaines, 35 dizaines, 54 dizaines, 63 dizaines, 72 dizaines, 87 dizaines, 96 dizaines?

14. Quelle somme obtient-on avec 3 pièces de dix francs? 8 pièces? 12 pièces? 20 pièces? 35 pièces? 60 pièces? 75 pièces? 100 pièces?

15. Combien : 3 centaines de francs font-elles de francs? de dizaines de francs? 8 centaines de plumes font-elles de dizaines de plumes?

16. Lire les nombres suivants et dire combien ils renferment de centaines, de dizaines, d'unités : 89, 76, 348, 680, 502, 888, 990?

17. Combien y a-t-il de mètres dans 3^{dam}, 7^{dam}, 10^{dam}, 20^{dam}, 50^{dam}, 80^{dam}, 70^{dam}, 90^{dam}, 100^{dam}, 45^{dam}, 96^{dam}, 4^{hm}, 7^{hm}, 10^{hm}.

18. Combien de litres dans 5^{hl}, 9^{hl}, 10^{hl}, 38^{dal}, 65^{dal}, 100^{dal}.

19. Combien y a-t-il de décagrammes dans 30^{g}, 70^{g}, 80^{g}, 400^{g}, 900^{g}, 500^{g}, 1000^{g}, 340^{g}, 790^{g}, 810^{g}, 2^{hg}, 9^{hg}, 6^{hg}, 10^{hg}?

EXERCICES ÉCRITS.

20. Ecrire en chiffres les nombres de 100 à 150, de 250 à 300.

21. Ecrire en chiffres et de 10 en 10 les nombres de 10 à 200.

22. Ecrire de 2 en 2 les nombres de 600 à 650, de 751 à 801.

23. Ecrire en chiffres : 300, 420, 530, 650, 760, 870, 980.

24. Ecrire en lettres les nombres 18, 97, 115, 258, 360, 504, 980, 700, 807, 471, 116, 660.

25. Ecrire en chiffres : trois cents; quatre cent soixante-quinze; deux cent soixante-dix; soixante-seize; sept cent soixante; cent dix-sept; huit cent neuf; cinq cent cinquante; cent dix; neuf cent neuf.

26. Ecrire en mètres les nombres : 5^{dam}, 28^{dam}, 3^{hm}, 8^{hm}, 40^{dam}, 75^{dam}.

Ecrire en grammes les nombres : 7^{hg}, 3^{hg}, 9^{hg}, 2^{hg}, 8^{dag}, 30^{dag}, 58^{dag}, 92^{dag}.

Ecrire en litres 4^{dal}, 35^{dal}, 6^{hl}, 70^{dal}, 86^{dal}, 10^{hl}, 100^{dal}, 1^{kl}.

55. — ADDITION DES NOMBRES DE TROIS CHIFFRES SANS REPORTS

Exemple. — Un élève a trois livres : le premier a **423** *pages, le second* **32** *pages et le troisième* **212** *pages. Combien y a-t-il en tout de pages dans les* **3** *livres ?*

Il faut ajouter ou additionner les **3** nombres **423**, **32** et **212**.

J'écris :

$$\begin{array}{r} 423 \\ 32 \\ 212 \\ \hline 667 \end{array}$$

On fait d'abord la somme des unités : **3** et **2** font **5**, **5** et **2** font **7**. On écrit **7** sous la colonne des unités.

On fait ensuite la somme des dizaines : **2** et **3** font **5**, **5** et **1** font **6**. On écrit **6** sous la colonne des dizaines.

Enfin, on fait la somme des centaines : **4** et **2** font **6**. On écrit **6** sous la colonne des centaines.

Dans les trois livres il y a donc **667** pages.

Pour additionner des nombres de trois chiffres ou moins de trois chiffres :

On les écrit les uns au-dessous des autres de façon que les unités soient sous les unités, les dizaines sous les dizaines, les centaines sous les centaines.

On tire un trait au-dessous.

On additionne séparément les unités, les dizaines et les centaines, et on écrit les résultats sous le trait.

56. — ADDITION DES NOMBRES DE TROIS CHIFFRES AVEC REPORTS

EXEMPLE. — *On a payé pour la réparation d'une maison* **217** *francs de peinture,* **346** *francs de maçonnerie et* **159** *francs de menuiserie. Quelle a été la dépense totale ?*

On a dépensé en tout **217** fr. + **346** fr. + **159** fr.: il faut donc additionner ces trois nombres.

— Nous disposons l'opération comme d'ordinaire.

On fait d'abord la somme des unités. Cette somme est **22**, c'est-à-dire **2** unités et **2** dizaines. On écrit seulement les **2** unités et on *reporte* les **2** dizaines sur la colonne des dizaines.

Reports : 1 2

$$
\begin{array}{ccc}
2 & 1 & 7 \\
3 & 4 & 6 \\
1 & 5 & 9 \\
\hline
7 & 2 & 2
\end{array}
$$

On fait ensuite la somme des dizaines, y compris le report, cette somme est **12**. Il y a donc **12** dizaines, c'est-à-dire **2** dizaines et **1** centaine. On écrit les **2** dizaines et on *reporte* la centaine sur la colonne des centaines.

Enfin on additionne les centaines et la somme est **722** francs.

Lorsqu'en additionnant les chiffres d'une colonne la somme a plus d'un chiffre, on écrit seulement au bas le chiffre des unités de la somme et on ajoute le chiffre des dizaines aux chiffres de la colonne suivante.

57. — ADDITION DES NOMBRES DE TROIS CHIFFRES AVEC REPORTS (*Fin*)

AUTRE EXEMPLE : *Soit à faire la somme*

$$431 + 26 + 293 + 150.$$

retenues : 2 1

431		Quand on	431
26		est bien exercé	26
293		on n'écrit	293
150		plus les retenues :	150
900			**900**

ADDITIONS A FAIRE PAR ÉCRIT :

Sans reports.

1.

23	53	206	542	703
45	14	312	203	45
31	20	471	144	231

2. $36 + 42 + 20$; $17 + 40 + 32$; $312 + 245 + 430$;
$25 + 502 + 41$; $8 + 450 + 21$.

Avec reports.

3.

57	69		178	295
35	75	245	439	68
62	38	168	287	139
48	56	376	156	74

4.

25	115	294	410	48
37	13	201	43	53
49	201	58	2	615
52	46	46	310	107
63	57	173	89	34

5. $36 + 43 + 57 + 28 + 91 + 2 + 16$; $403 + 201 + 16 + 7 + 26$;
$310 + 114 + 29 + 73 + 8$; $94 + 204 + 78 + 213 + 18$;

$73 + 295 + 8 + 56$; $8 + 275 + 39 + 154$;
$379 + 96 + 207 + 58 + 4$; $258 + 176 + 380 + 9 + 67$.

58. — SOUSTRACTION DE NOMBRES DE TROIS CHIFFRES SANS RETENUES

Premier exemple. — *Dans une pelote il y avait* **469** *mètres de ficelle. On en coupe* **235** *mètres. Combien en reste-t-il ?*

Il reste ce qu'il y avait, moins ce qu'on a enlevé, c'est-à-dire **469** mètres moins **235** mètres.

On doit faire une soustraction :

On écrit :

  469   et on dit, en commençant par la droite :
  235   **5** *de* **9** *il reste* **4**, *je pose* **4** ; **3** *de* **6** *il reste*
  ———   **3**, *je pose* **3** ; **2** *de* **4** *il reste* **2**, *je pose* **2**.
  234

Il reste donc **234** mètres.

Pour retrancher un nombre de plusieurs chiffres d'un autre nombre de plusieurs chiffres :

On écrit le plus petit au-dessous du plus grand de façon que les unités soient sous les unités, les dizaines sous les dizaines, les centaines sous les centaines. On tire un trait.

On retranche les unités des unités et on écrit le résultat au-dessous.

On retranche les dizaines des dizaines et on écrit le résultat au-dessous.

On retranche les centaines des centaines et on écrit le résultat au-dessous.

59. — SOUSTRACTION DES NOMBRES DE TROIS CHIFFRES SANS RETENUES (*Fin*)

Deuxième exemple. — *Soit à retrancher* **55** *de* **258**.

$$
\begin{array}{r}
258 \\
55 \\
\hline
203
\end{array}
$$

On dit, en commençant par la droite : **5** de **8** il reste **3**, je pose **3** ; **5** de **5** il reste **0**, je pose **0** ; j'abaisse **2**.

Ici, il n'y a pas de centaines au plus petit nombre. C'est donc comme s'il y avait *zéro* centaine au plus petit nombre.

Troisième exemple. — *Soit à retrancher* **312** *de* **384**.

On écrit :

$$
\begin{array}{r}
384 \\
312 \\
\hline
72
\end{array}
$$

et on dit, en commençant par la droite : **2** de **4** il reste **2**, je pose **2** ; **1** de **8** il reste **7**, je pose **7** ; **3** de **3** il reste *zéro*. Je ne pose *rien*, car il n'y a pas de centaines dans la différence.

Vérifications. — Comme vérification, si on ajoute le plus petit nombre à la différence, on doit retrouver le plus grand. — Ainsi il faut vérifier que l'on a :

$$235 + 234 = 469,$$
$$203 + 55 = 258,$$
$$312 + 72 = 384.$$

SOUSTRACTIONS A FAIRE PAR ÉCRIT.

1.

$$
\begin{array}{ccccccc}
499 & 217 & 872 & 356 & 229 & 316 & 479 \\
125 & 115 & 460 & 24 & 26 & 304 & 428
\end{array}
$$

2.

$$
\begin{array}{cccccc}
592 & 364 & 927 & 678 & 347 & 596 \\
102 & 310 & 413 & 73 & 205 & 31
\end{array}
$$

3. 746 — 703 ; 954 — 431 ; 648 — 37 ; 748 — 42 ; 999 — 798 ; 863 — 732 ; 158 — 36 ; 246 — 241.

60. — SOUSTRACTION DES NOMBRES DE DEUX ET TROIS CHIFFRES AVEC RETENUES

PREMIER EXEMPLE. — *Dans un tonneau qui contient* **545** *litres. On verse une première fois* **286** *litres. Combien faut-il verser encore de litres pour remplir le tonneau ?*

On doit ajouter ce qui manque à **286** litres pour avoir **545** litres, c'est-à-dire la différence entre ces deux nombres. On fait une soustraction.

On écrit :

$$\begin{array}{r} 545 \\ 286 \\ \hline 259 \end{array}$$

et on dit, en commençant par la droite :

6 *ne peut pas être retranché de* **5**, j'ajoute une dizaine à **5**, **6** de **15** reste **9**, je pose **9**, et je retiens **1** ;

1 *de retenue et* **8** *font* **9**, **9** *ne peut pas être retranché de* **4**, j'ajoute une dizaine à **4**, **9** de **14** reste **5**, je pose **5** et je retiens **1** ;

1 *de retenue et* **2** *font* **3**, **3** de **5** reste **2**, je pose **2**.

On devra verser encore **259** litres.

On retranche les unités des unités, les dizaines des dizaines, les centaines des centaines.

Mais si l'une de ces soustractions n'est pas possible, on ajoute une dizaine au chiffre du plus grand nombre pour que la soustraction devienne possible.

On dit : je retiens 1 et on ajoute 1 au chiffre suivant du plus petit nombre avant de le retrancher.

61. — SOUSTRACTION DES NOMBRES DE DEUX ET TROIS CHIFFRES AVEC RETENUES (*Suite*)

DEUXIÈME EXEMPLE. — *Soit à retrancher* **378** *de* **473**.

On écrit :

$$\begin{array}{r} 473 \\ 378 \\ \hline 95 \end{array}$$

et on dit, en commençant par la droite : **8** *de* **3** *n'est pas possible*, **8** *de* **13** *reste* **5**, *je pose* **5** *et je retiens* **1** ; **1** *de retenue et* **7** *font* **8** ; **8** *de* **7** *n'est pas possible*, **8** *de* **17** *reste* **9**, *je pose* **9** *et je retiens* **1** ; **1** *de retenue et* **3** *font* **4**, **4** *de* **4** *il ne reste rien.*

SOUSTRACTIONS À FAIRE PAR ÉCRIT.

1.

73	48	92	57	65	80
− 57	− 39	− 85	− 18	− 37	− 34

2.

879	300	610	700	605	346
− 290	− 199	− 212	− 679	− 538	− 109

3.

215	503	620	719	375	134
− 176	− 438	− 240	− 59	− 98	− 49

4. 95 − 87 ; 26 − 17 ; 146 − 119 ; 206 − 180 ; 873 − 779 ; 646 − 466 ; 321 − 123 ; 651 − 97 ; 308 − 79 ; 510 − 46.

6. Trouver le plus grand nombre représenté par des points :

..	..	..	...	....	...
− 19	− 27	− 76	− 193	− 348	− 847
39	44	7	156	255	83

7. Que faut-il ajouter à 234 pour obtenir 356, ou 420, ou 711, ou 900 ?

8. Que faut-il ajouter à 589 pour obtenir 603, ou 716, ou 836 ou 901 ?

62. — MULTIPLICATION D'UN NOMBRE DE PLUSIEURS CHIFFRES PAR UN NOMBRE D'UN SEUL CHIFFRE

PREMIER EXEMPLE. — *Dans un panier il y a* **52** *prunes. Combien y a-t-il de prunes dans* **3** *paniers semblables ?*

Il y a **3** *fois* **52** prunes dans les **3** paniers ensemble. Il faudrait donc faire l'addition.

$$
\begin{array}{r}
52 \\
52 \\
52 \\
\hline
156
\end{array}
$$

3 *fois*

Dans la première colonne il y a **3** fois le chiffre des unités, dans la seconde colonne il y a **3** fois le chiffre des dizaines. Le résultat **156** s'obtient en multipliant par **3** successivement le chiffre des unités qui est **2** et le chiffre des dizaines qui est **3**.

D'après cela, pour multiplier **52** par **3** ;

On écrit :

$$
\begin{array}{r}
52 \\
3 \\
\hline
156
\end{array}
$$

et on dit : **3** *fois* **2** *font* **6**, *je pose* **6** ; **3** *fois* **5** *font* **15**, *je pose* **15**.

Pour multiplier un nombre quelconque par un seul chiffre, on multiplie successivement, en commençant par la droite, tous ses chiffres.

MULTIPLICATIONS A FAIRE PAR ÉCRIT

1.
$$
\begin{array}{cccccc}
23 & 432 & 232 & 71 & 82 & 61 & 81 \\
3 & 2 & 3 & 6 & 4 & 9 & 5 \\
\end{array}
$$

PROBLÈMES

2. Combien coûtent 3 mètres de drap à 13 francs le mètre ?

3. Une vache fournit 6 litres de lait par jour. Combien a-t-elle fourni de lait pendant le mois de mars qui a 31 jours ?

63. — MULTIPLICATION PAR UN SEUL CHIFFRE (*Fin*)

DEUXIÈME EXEMPLE. — *Soit à multiplier* **237** *par* **4**.
Il faut ajouter **237** quatre fois à lui-même.

$$
\begin{array}{r}
237 \\
237 \\
237 \\
237 \\
\hline
948
\end{array}
\Big\}\, 4\ fois
$$

Ici dans la première colonne il y a **4** fois **7**, mais comme la somme est **28**, on pose seulement **8** et on *retient* **2** qu'on ajoute à la seconde colonne. La seconde colonne contient **4** fois **3**, ce qui fait **12** plus les **2** de retenue ce qui fait **14**.

On pose **4** et *on retient* **1** qu'on doit ajouter à la dernière colonne. Cette dernière colonne contient **4** fois **2** ce qui fait **8**, plus **1** de retenue. Soit **9** que l'on pose.

$$
\begin{array}{r}
237 \\
4 \\
\hline
948
\end{array}
$$

On dit : **4** *fois* **7** *font* **28**, *je pose* **8** *et je retiens* **2** ; **4** *fois* **3** *font* **12** *et* **2** *de retenue font* **14**, *je pose* **4** *et je retiens* **1** ; **4** *fois* **2** *font* **8** *et* **1** *de retenue font* **9**, *je pose* **9**.

Lorsqu'en multipliant un chiffre du multiplicande par le multiplicateur, le produit a deux chiffres, on ne pose que le chiffre des unités, et on retient les dizaines qu'on ajoute au produit suivant.

MULTIPLICATIONS À FAIRE PAR ÉCRIT.

1.	118	27	104	65	34	129	138
	8	8	9	8	7	7	6

2. 45×6 ; 127×5 ; 238×3 ; 250×4 ; 112×9 ; 99×9 ; 89×8 ; 459×2 ; 56×7 ; 49×8.

PROBLÈMES

3. Combien coûtent 8 mètres de drap à 23 fr. le mètre ?

4. Il y a 7 jours dans une semaine. Combien y a-t-il de jours dans 52 semaines ?

5. Dans une cave il y a 3 tonneaux de vin de 225 litres chacun. Combien y a-t-il de litres de vin dans la cave ?

64. — MULTIPLICATION PAR UN NOMBRE DE DEUX CHIFFRES

EXEMPLE. — *Soit à multiplier* **35** *par* **24**.

Le multiplicande est **35**, le multiplicateur est **24**.

J'écris :

```
  35
  24
-----
 140
 70
-----
 840
```

Je multiplie d'abord **35** par **4**. Le produit est **140** et je l'écris de façon que le chiffre **0** des unités soit au-dessous du **4**. Je multiplie ensuite **35** par **2**. Le nouveau résultat est **70**. Je l'écris au-dessous du précédent et de façon que le chiffre des unités **0** soit au-dessous du **2**. J'additionne et je trouve **840**. Donc : $35 \times 24 = 840$.

Pour multiplier un nombre quelconque par un nombre de deux chiffres, on écrit le multiplicateur **au-dessous** du multiplicande. On tire un trait.

On multiplie d'abord le multiplicande par le **premier chiffre à droite** du multiplicateur, et on écrit le résultat au-dessous du trait, de façon que le chiffre des unités soit exactement **au-dessous** du chiffre employé.

On multiplie ensuite le multiplicande par le **second chiffre** du multiplicateur et on écrit le nouveau produit au-dessous du premier et de façon que le chiffre de ses unités soit exactement **au-dessous** du chiffre employé.

On tire un nouveau trait et on additionne les deux produits obtenus.

On a ainsi le produit cherché.

65. — MULTIPLICATION PAR UN NOMBRE DE DEUX CHIFFRES (*Fin*)

AUTRES EXEMPLES. — *Soit à multiplier* **47** *par* **12**; *et* **29** *par* **27**.

Multiplicande. . . .	**47**	Multiplicande.	**29**
Multiplicateur.	**12**	Multiplicateur . . .	**27**
Produit de **47** par **2**.	**94**	Produit de **29** par **7**.	**203**
Produit de **47** par **1**.	**47**	Produit de **29** par **2**.	**58**
Produit.	**564**	Produit.	**783**

Un produit ne change pas quand on intervertit les deux nombres.

Faisons à nouveau les trois multiplications précédentes en prenant le multiplicateur pour multiplicande :

24	**12**	**27**
35	**47**	**29**
120	**84**	**243**
72	**48**	**54**
840	**564**	**783**

Les produits sont bien les mêmes.

MULTIPLICATIONS A FAIRE PAR ÉCRIT

1.

58	72	25	64	29	19
13	13	25	15	18	17

2. 18×18; 69×12; 23×21; 32×27; 31×31; 16×16; 52×17; 48×19; 43×21; 35×27.

PROBLÈMES

3. Une personne dépense 15 francs de pétrole par mois pour s'éclairer. Dans l'année il y a 12 mois. Combien de pétrole dépense-t-elle par an ?

4. La quinine vaut 56 fr. le kilogramme. Que valent 16 kilogrammes de quinine ?

5. Un train fait 37 kilomètres à l'heure. Quelle distance aura-t-il parcourue en un jour de 24 heures ?

6. Combien y a-t-il d'œufs dans 12 douzaines d'œufs ?

66. — DIVISION

Nous avons vu (page 45) que, lorsqu'on cherche combien de fois un nombre est contenu dans un autre, on fait une division.

Exemple. — *On veut payer une somme de* **843** *francs avec des pièces de* **5** *francs. Combien devra-t-on donner de pièces ?*

Chaque fois qu'on donne une pièce, on s'acquitte d'une somme de **5** francs. On devra donc donner autant de pièces qu'il y a de fois **5** francs dans **843** francs et il faut diviser **843** par **5**.

La division est une opération qui a pour but de rechercher combien de fois un nombre appelé diviseur est contenu dans un autre nombre appelé dividende.

Le dividende est le nombre qui contient.

Le diviseur est le nombre qui est contenu dans le dividende.

Le quotient est le nombre qui indique combien de fois le diviseur est contenu dans le dividende.

Dans l'exemple précédent : *le dividende est* **843** ; *le diviseur est* **5**.

Voyons comment on fait l'opération pour obtenir le quotient :

67. — LE DIVISEUR N'A QU'UN CHIFFRE, LE QUOTIENT A PLUSIEURS CHIFFRES

PREMIER EXEMPLE. — *Soit à diviser* **843** *par* **5**. Je dis :

dividende : **843** | **5** *diviseur*
5 | **168** *quotient*
34
30
43
40
reste : . . . **3**

1° Dans **8** combien de fois **5** : **1** fois. J'écris **1** au quotient. **1** fois **5** fait **5**. **5** retranché de **8** reste **3**. J'écris **3**.

2° *J'abaisse* le chiffre suivant **4** que j'écris *à côté* du reste **3**. Dans **34** combien de fois **5** : **6** fois. J'écris **6** au quotient. **6** fois **5** font **30** : **30** retranché de **34** reste **4**. J'écris **4**.

3° *J'abaisse* le chiffre suivant **3** que j'écris *à côté* du reste **4**. Dans **43** combien de fois **5** : **8** fois. J'écris **8** au quotient. **8** fois **5** font **40**. **40** retranché de **43** reste **3**. J'écris **3**. Le *quotient* est **168**, le *reste* **3**.

Dans **843** il y a donc **168** fois **5** ; et il reste **3**.

DEUXIÈME EXEMPLE. — *Soit à diviser* **293** *par* **4**. Je dis :

dividende : **293** | **4** *diviseur*
28 | **73** *quotient*
13
12
reste : . . . **1**

1° **4** n'est pas contenu dans **2**. Je prends deux chiffres à gauche dans le dividende; **4** dans **29** est contenu **7** fois. J'écris **7** au quotient. **7** fois **4** font **28**. **28** retranché de **29** reste **1**. J'écris **1**.

2° *J'abaisse* le chiffre suivant **3** que j'écris *à côté* du reste **1**; **4** dans **13** est contenu **3** fois. J'écris **3** au quotient. **3** fois **4** font **12**. **12** retranché de **13** reste **1**.

J'écris **1**. Le *quotient* est **73**, le *reste* est **1**.

68. — LE DIVISEUR N'A QU'UN CHIFFRE. LE QUOTIENT A PLUSIEURS CHIFFRES (*Suite*)

TROISIÈME EXEMPLE. — *Soit à diviser* **721** *par* **7**.

dividende : **721** | **7** *diviseur*
7 | **103** *quotient*
021
21
reste . . . **0**

1° Dans **7** combien de fois **7** : **1** fois. **1** fois **7** fait **7**. J'écris **1** au quotient. **7** retranché de **7** reste **0**. J'écris **0** sous le **7**.

2° J'abaisse le chiffre suivant **2** à côté du zéro. Dans **2** combien de fois **7** : **0** fois. J'écris **0** au quotient. **0** fois **7** fait **0**. **0** retranché de **2** reste **2** ; *que je ne recopie pas*.

3° *J'abaisse* le chiffre suivant **1** à côté du **2**. Dans **21** combien de fois **7** : **3** fois. J'écris **3** au quotient. **3** fois **7** font **21**. **21** retranché de **21** reste **0**. J'écris **0**.

Le *quotient* est **103** et le *reste* **0**.

7 est contenu *exactement* **103** fois dans **721**.

EXERCICES A FAIRE PAR ÉCRIT :

1. Faire en suivant les modèles précédents, les divisions suivantes :

56 : 2	129 : 3	144 : 4	235 : 5
91 : 2	201 : 3	372 : 4	483 : 5
374 : 2	379 : 3	613 : 4	870 : 5
805 : 2	624 : 3	921 : 4	954 : 5

2.

438 : 6	760 : 7	567 : 8	927 : 9
305 : 6	330 : 7	624 : 8	675 : 9
536 : 6	651 : 7	319 : 8	349 : 9
757 : 6	846 : 7	690 : 8	618 : 9

3.

615 | 4	312 | 6	715 | 8	989 | 9
506 | 5	803 | 7	216 | 2	

4. Faire les divisions suivantes :

146 par 2 ; 734 par 8 ; 96 par 3 ; 597 par 5 ; 903 par 9 ;
366 par 6 ; 800 par 7 ; 84 par 4 ; 427 par 8 ; 317 par 4 ;
62 par 2 ; 999 par 2.

69. — PROBLÈMES

PROBLÈME I. — *Une pièce de drap qui vaut* **8** *francs le mètre a coûté* **216** *francs. Combien y a-t-il de mètres de drap dans la pièce ?*

Chaque mètre vaut **8** francs. Il y a donc autant de fois **1** mètre dans la pièce qu'il y a de fois **8** francs dans **216** francs.

Il faut donc *diviser* **216** par **8**. On trouve pour quotient **27** *sans reste.*

Il y a **27** fois **8** francs dans **216**. Il y a donc **27** fois **1**^{m} ou **27**^{m} dans la pièce de drap.

opération

```
216 | 8
16  |———
——— | 27
56
56
———
 0
```

Réponse : Il y a **27** mètres de drap dans la pièce.

VÉRIFICATION : **27** mètres de drap à **8** francs le mètre coûtent **27** $\times$ **8** = **216** francs.

PROBLÈME II. — **9** *ouvriers ont fait ensemble un travail qui leur a été payé* **756** *francs. Combien chaque ouvrier recevra-t-il ?*

Chacun de ces ouvriers devra recevoir le même nombre de francs. Il faut donc *partager* **756** francs en **9** parts égales et diviser **756** par **9**.

On trouve pour quotient **84** et il reste **0**.

opération

```
756 | 9
72  |———
——— | 84
36
36
———
 0
```

Réponse : Chaque ouvrier recevra exactement **84** francs.

VÉRIFICATION : Les **9** ouvriers ont reçu ensemble **84** $\times$ **9** = **756** francs.

PROBLÈMES DE RÉCAPITULATION

ADDITION

86. Charlemagne naquit en 742 et mourut à l'âge de 72 ans. Quelle est l'année de sa mort ?

87. Combien un marchand a-t-il vendu une pièce de drap, sachant qu'il l'a achetée 528 fr. et qu'il gagne 75 fr. en la revendant ?

88. Un ouvrage est en trois volumes : le premier a 249 pages, le deuxième 158 et le troisième 350. Quel est le nombre total des pages de cet ouvrage ?

89. Trois personnes se partagent une certaine somme : la première reçoit 125 fr.; la deuxième 97 fr. et la troisième 137 fr. Quelle est la somme partagée ?

90. On veut mélanger dans un même tonneau le contenu de trois autres renfermant : le premier 132 litres, le deuxième 225 litres et le troisième 118 litres de vin. Quelle doit être la capacité du quatrième tonneau ?

91. Un train transporte 125 voyageurs en première classe, 78 en deuxième classe et 357 en troisième classe. Combien y a-t-il de voyageurs dans ce train ?

92. Une pépinière renferme 300 pommiers, 210 poiriers, 157 cerisiers et 82 abricotiers. Combien cette pépinière renferme-t-elle d'arbres ?

93. Une personne achète une pièce de vin pour 180 fr. et deux autres pièces au prix de 150 fr. chacune. Quelle somme doit payer cette personne ?

94. Une fermière transporte trois paniers d'œufs au marché : le premier renferme 200 œufs; le deuxième en renferme 50 de plus que le premier, et le troisième 100 de plus que le second. Quel est le nombre total des œufs des trois paniers ?

95. Un cultivateur a récolté 250 hectolitres de blé, 120 hectolitres d'avoine, 100 hectolitres de seigle et 75 hectolitres d'orge. Combien d'hectolitres a-t-il récoltés en tout ?

SOUSTRACTION

96. Un père a 57 ans et son fils 28; quel était l'âge du père à la naissance de son fils ?

97. Une école compte en tout 95 élèves; la première classe a 47 élèves. Combien y en a-t-il dans la seconde ?

98. Une personne qui devait une somme de 90 fr. a déjà donné 57 fr. Que redoit-elle ?

99. Une caisse pleine de marchandises pèse 185 kilogrammes; vide elle ne pèse plus que 37 kilogrammes. Quel est le poids des marchandises qu'elle contenait ?

100. Un courrier a à parcourir une distance de 135 kilomètres; il en a déjà fait 98. Combien lui reste-t-il à parcourir ?

101. La tour Eiffel a 3oo mètres de haut et le Panthéon 79 mètres. De combien de mètres le premier monument dépasse-t-il le second ?

102. Il manque 243 fr. à une personne pour pouvoir payer une facture de 745 fr. Combien cette personne a-t-elle ?

103. D'un tonneau contenant 228 litres de vin, on a déjà tiré 187 litres. Combien reste-t-il de vin dans le tonneau ?

104. Dans un tonneau de 895 litres, on a déjà mis 549 litres de vin. Combien faut-il encore de litres pour le remplir ?

105. Deux tonneaux renferment, l'un 228 litres et l'autre 785 litres. Combien de litres le second contient-il de plus que le premier ?

106. Combien doit-on rendre à une personne qui paie une dette de 327 fr. avec un billet de 5oo fr. ?

107. Un tonneau plein d'un certain liquide pèse 547 kilogrammes ; après l'avoir vidé, son poids n'est plus que de 29 kilogrammes. Quel est le poids du liquide ?

108. Quel nombre doit-on ajouter à 532 pour obtenir 754 ?

109. Deux caisses d'oranges en contiennent : la première, 476, et la seconde 5o4. Combien faut-il en mettre dans la première pour qu'elle en contienne autant que la seconde ?

110. Deux corbeilles renferment, l'une 398 pommes et d'autre 5oo. Combien faut-il en enlever de la seconde pour qu'elle en contienne autant que la première ?

MULTIPLICATION

111. Combien y a-t-il de douzaines de plumes dans 5 boîtes qui en contiennent chacune 12 douzaines ?

112. Chacune des 16 fenêtres d'une maison a 6 carreaux valant 2 fr. chacun. Quelle somme représente la valeur de ces carreaux ?

113. Une maison a 5 étages, et d'un étage à l'autre il y a 18 marches. Combien y a-t-il de marches à l'escalier ?

114. Que doit-on à un ouvrier qui a travaillé pendant 59 jours, à raison de 4 fr. par jour ?

115. Dans une classe il y a 18 tables de 5 places chacune. Combien cette classe peut-elle contenir d'élèves ?

116. Dans une caisse il y a 13 douzaines d'oranges ; combien y a-t-il d'oranges ?

117. On a rempli complètement un tonneau en y versant 12 seaux d'eau de chacun 15 litres. Quelle est la contenance de ce tonneau ?

118. Pendant 15 mois un enfant a coûté 35 fr. par mois de nourrice. Quelle somme a-t-on payée en tout ?

119. Une famille consomme 2 litres de lait par jour. Combien en consomme-t-elle : 1° en une semaine ; 2° en 52 semaines ?

120. Quelle somme doit-on payer pour l'achat de 35 mètres de drap à 17 fr. le mètre ?

121. Quel est le nombre de lignes contenues dans un ouvrage de 17 pages de chacune 45 lignes ?

122. Un cheval de course fait 22 décamètres à la minute. Quelle distance aura-t-il parcourue dans 10 minutes, dans 17 minutes ?

34

123. Quelle somme faut-il pour payer 25 ouvriers qui ont travaillé pendant 7 jours, à raison de 5 fr. par jour ?

124. Quelle somme doit-on payer pour l'achat de 500 bouteilles, à raison de 18 fr. le cent ?

125. Une prairie a produit 500 bottes de foin valant 15 fr. le cent. Quelle est la valeur de cette récolte ?

126. Dans un casier à bouteilles on peut mettre 28 bouteilles par rayon. Il y a 30 rayons. Combien peut-on mettre de bouteilles dans le casier ?

DIVISION

127. Un verger contient 45 arbres disposés en rangées de 9 arbres chacune. Combien y a-t-il de rangées d'arbres ?

128. On achète 7 mesures de coke pour 14 fr. Quel est le prix de la mesure ?

129. Il faut 7 mètres d'étoffe pour faire une robe. Combien peut-on faire de robes avec une pièce d'étoffe de 56 mètres ?

130. Une personne a donné 4 sous à chacun des pauvres qu'elle a rencontrés ; elle a ainsi donné 16 sous. Combien a-t-elle vu de pauvres ?

131. Combien peut-on avoir d'exemplaires d'un ouvrage coûtant 3 fr. pour la somme de 45 fr. ?

132. Un papetier donne 6 plumes pour un sou ; il en a vendu 144. Combien a-t-il reçu ?

133. Une pièce de drap a été vendue 504 fr. à raison de 9 fr. le mètre. Quelle est la longueur de cette pièce ?

134. Quelle est la valeur d'une somme d'argent pesant 625 grammes, sachant qu'un franc en argent pèse 5 grammes ?

135. Une famille consomme 3 litres de vin par jour. Au bout de combien de temps aura-t-elle vidé un tonneau de 228 litres de vin ?

136. Une gerbe de blé donne en moyenne 5 litres de grains. Combien de gerbes doit-on battre pour obtenir 545 litres de blé ?

137. Les roues d'une voiture ont 3 mètres de circonférence. Combien doivent-elles faire de tours pour parcourir une distance de 984 mètres ?

138. Une mère a une boîte qui contient 515 dragées. Elle veut les partager également entre ses 5 enfants. Combien pourra-t-elle donner de dragées à chaque enfant de façon que chacun en ait autant ? Combien en restera-t-il ?

139. Un enfant a 4 fr. dans sa poche. Il veut acheter des soldats qui coûtent 3 sous pièce. Combien pourra-t-il en acheter ? Combien de sous lui restera-t-il ?

140. 8 hectolitres de blé ont été vendus 184 fr. Combien un hectolitre de blé a-t-il été vendu ?

141. 9 ouvriers ont gagné ensemble 702 fr. Chacun d'eux a gagné la même somme. Combien chaque ouvrier a-t-il gagné ?

Au delà de MILLE

70. — MILLION

Dix fois cent font mille.

Pour former les nombres après mille, on ajoute, une à une, des unités à mille.

Aussitôt qu'il y a dix unités ajoutées, on a une dizaine.

Aussitôt qu'on a formé dix dizaines, on a une centaine.

Aussitôt qu'on a formé dix centaines, on a un mille.

On continue ainsi jusqu'à ce qu'on ait formé mille mille.

Mille fois mille font un million.

QUESTIONNAIRE :

1. Combien y a-t-il d'unités dans une dizaine?

2. Que font dix dizaines?

3. Que font dix centaines?

4. Combien y a-t-il de centaines dans un mille?

5. Combien y a-t-il de dizaines dans un mille?

6. Que font mille mille?

7. Qu'est-ce que c'est qu'un million?

8. Combien y a-t-il de mille dans: *Deux mille; trois mille; dix mille; vingt mille; cent mille; trente-cinq mille; deux cent mille?*

9. Combien de mètres y a-t-il dans : 1 kilomètre; 5 kilomètres; 40 kilomètres; 300 kilomètres; 1 hectomètre; 10 hectomètres?

10. Combien y a-t-il de grammes dans : 1 kilogramme; 4 kilogrammes; 70 kilogrammes; 463 kilogrammes?

71. — LE SECOND MILLE

Un mille et un   font mille un.
—   deux   — mille deux.
—   trois   — mille trois.
—   quatre   — mille quatre.
—   cinq   — mille cinq.
—   six   — mille six.
—   sept   — mille sept.
—   huit   — mille huit.
—   neuf   — mille neuf.
—   dix   — mille dix.
—   onze   — mille onze.
—   vingt   — mille vingt.
—   cent   — mille cent.
—   cent un   — mille cent un.
—   cent cinquante-trois   font mille cent cinquante-trois.
—   deux cents   font mille deux cents.
—   trois cents   — mille trois cents.
—   quatre cents   — mille quatre cents.
—   neuf cents   — mille neuf cents.
—   dix centaines   — deux mille

Avec ces dix centaines ont fait un second mille.

Mille et mille font deux mille.

QUESTIONNAIRE :

1 Que font :

Mille et vingt et trois ; mille et cent et cinq ; mille et deux cents et soixante et quatre ; dix centaines et deux cents ; dix centaines et trois cents et deux dizaines ; dix-sept centaines ; douze centaines ; quatorze centaines ; treize centaines et vingt-cinq ; dix-huit centaines et trois dizaines et sept ; cent dizaines ; cent vingt dizaines ; cent trente-trois dizaines ?

2. Combien y a-t-il de litres dans :

1 hectolitre ; 10 hectolitres ; 20 hectolitres ; 17 hectolitres ?

3. Combien y a-t-il de mètres dans :

10 hectomètres ; 12 hectomètres ; 20 hectomètres ?

72. — DE DEUX MILLE A UN MILLION

Après deux mille on dit :

Deux mille un, deux mille deux, deux mille trois, deux mille vingt,

et ainsi de suite jusqu'à :

Deux mille neuf cent quatre-vingt-dix-neuf.

Deux mille et mille font trois mille.

On compte les mille comme les unités :

Deux mille, trois mille, quatre mille, vingt mille, cinquante mille.

Cent mille, deux cent mille, trois cent vingt-cinq mille, six cent quarante-cinq mille, jusqu'à mille mille.

Mille mille font un million.
Un million c'est mille fois mille.

QUESTIONNAIRE :

1. Que font :

Mille et mille; trois mille et mille; trois mille et deux mille; dix mille et dix mille; vingt mille et dix mille; cent mille et cent mille; trois cent mille et cent mille; cinq cent mille et deux cent mille; cent mille et quarante mille; deux cent mille et vingt-cinq mille; 16 *mille et* 2 *mille;* 400 *mille et* 300 *mille;* 25 *mille et* 4 *mille;* 47 *mille et* 8 *mille;* 40 *mille et* 30 *mille;* 80 *mille et* 20 *mille?*

2. Que font :

*Six mille et deux cents et sept; cent trois mille et quatre cent vingt-trois; cinq cent soixante-quinze mille et sept cent trente-quatre; sept cent quatre-vingt-*deux mille et trois cents et soixante-sept?

3. Que font :

Dix centaines; vingt centaines; trente centaines; 70 *centaines;* 200 *centaines;* 210 *centaines;* 450 *centaines;* 32 *centaines* 4 *dizaines et* 5; 23 *centaines* 7 *dizaines et* 9; *cent dizaines; deux cents dizaines; six cents dizaines?*

4. Combien y a-t-il de grammes dans :

10 hectogrammes; 20 hectogrammes; 300 hectogrammes; 710 hectogrammes; 3 kilogrammes 2 hectogrammes 12 grammes; 15 kilogrammes 7 hectogrammes 4 décagrammes 3 grammes; 211 kilogrammes 6 hectogrammes?

73. — LES DIZAINES ET CENTAINES DE MILLE

Dix mille se nomment une dizaine de mille.

Deux dizaines de mille se nomment vingt mille.
Trois — — — trente mille.
Quatre — — — quarante mille.
Cinq — — — cinquante mille.
Six — — — soixante mille.
Sept — — — soixante-dix mille.
Huit — — — quatre-vingt mille.
Neuf — — — quatre-vingt-dix mille.
Dix — — — cent mille.

Dix dizaines de mille se nomment une centaine de mille.

Deux centaines de mille se nomment deux cent mille.
Trois — — — trois cent mille.
Quatre — — — quatre cent mille.
Cinq — — — cinq cent mille.
Six — — — six cent mille.
Sept — — — sept cent mille.
Huit — — — huit cent mille.
Neuf — — — neuf cent mille.

QUESTIONNAIRE :

1. Combien font : *Trois dizaines de mille; 5 dizaines de mille; dix dizaines de mille; 7 centaines de mille; dix centaines de mille?*

2. Combien y a-t-il de dizaines de mille dans : *Vingt mille; quarante mille; soixante-dix mille; quatre-vingt mille?*

3. Combien y a-t-il de centaines de mille, de dizaines de mille et de mille dans : *Deux cent soixante-cinq mille; six cent trente-quatre mille; deux cent cinq mille; sept cent soixante-quinze mille?*

4. Combien y a-t-il de kilogrammes dans : *Quatre mille grammes; vingt-trois mille grammes?*

5. Combien y a-t-il de kilomètres dans : *Six mille mètres; treize mille mètres; cent mille mètres?*

74. — LES MILLIONS

Dix centaines de mille se nomment un million.

Mille fois mille font un million.

On compte les millions comme les unités.

Une dizaine de millions se nomme **dix millions**.

Une centaine de millions se nomme **cent millions**.

Dix dizaines de millions forment **cent millions**.

EXERCICES DE CALCUL MENTAL SUR LA NUMÉRATION DES NOMBRES AU DELA DE MILLE.

1. Comptez de dix en dix, de mille à mille cinq cents; de deux mille cinq cents à trois mille.

2. Comptez de cinquante en cinquante, de trois mille à cinq mille.

3. Comptez de cent en cent, de mille à dix mille.

4. Quels sont les dix nombres qui suivent : mille, mille quatre-vingt-dix, deux mille quatre-vingt-dix, cinq mille quatre-vingt-dix, neuf mille quatre-vingt-dix, dix mille?

5. Quel est le nombre qui précède mille, mille cent, mille quatre cents, deux mille, trois mille cinq cents, cinq mille, neuf mille neuf cents, dix mille, dix mille cent, dix mille huit cents, quinze mille, vingt mille?

6. Quelle somme obtient-on avec un billet de cent francs? 5 billets, 10 billets, 12 billets, 20 billets, 36 billets, 50 billets, 65 billets, 99 billets, 100 billets?

7. Combien faut-il de billets de mille francs pour faire un million? deux millions, dix millions, cinquante millions?

8. Combien de mètres dans 1 kilomètre, 3 kilomètres, 8 kilomètres, 10 kilomètres, 50 kilomètres, 100 kilomètres, 400 kilomètres, 1000 kilomètres?

9. Combien de grammes dans 5 kilogrammes, 9 kilogrammes, 12 kilogrammes, 25 kilogrammes, 80 kilogrammes, 200 kilogrammes, 1000 kilogrammes?

10. Un caissier a reçu 35 billets de mille francs, 8 billets de cent francs et 9 pièces de dix francs. Quelle somme a-t-il?

75. — ORDRES ET CLASSES

Les *unités simples* sont appelées unités du premier ordre.

Les *dizaines* sont appelées unités du second ordre.

Les *centaines* sont appelées unités du troisième ordre.

Les unités simples, dizaines et centaines forment la première classe ou classe des unités.

Les *mille* sont appelés unités du quatrième ordre.

Les *dizaines de mille* sont appelées unités du cinquième ordre.

Les *centaines de mille* sont appelées unités du sixième ordre.

Les mille, dizaines de mille et centaines de mille forment la seconde classe ou classe des mille.

Les *millions* sont appelés unités du septième ordre.

Les *dizaines de millions* sont appelées unités du huitième ordre.

Les *centaines de millions* sont appelées unités du neuvième ordre.

Les millions, dizaines de millions et centaines de millions forment la troisième classe ou classe des millions.

76. — ORDRES ET CLASSES (Suite)

RÉSUMÉ

1er ordre	*unités.*	
2e ordre	*dizaines d'unités*	} première classe.
3e ordre	*centaines d'unités*	
4e ordre	*mille*	
5e ordre	*dizaines de mille*	} seconde classe.
6e ordre	*centaines de mille*	
7e ordre	*millions*	
8e ordre	*dizaines de millions*	} troisième classe.
9e ordre	*centaines de millions*	

ÉCRITURE DES NOMBRES

Pour écrire un nombre qui contient des mille et des unités, on écrit d'abord le nombre des mille et ensuite le reste.

EXEMPLES :

dans : quatre mille huit cent quarante-sept

il y a : **4** *mille* et **847**

il s'écrit : **4 847**

dans : cent douze mille quatre cent neuf

il y a : **112** *mille* et **409**

il s'écrit : **112 409**

Il ne faut pas oublier de mettre des zéros pour tenir les places des ordres qui manquent.

EXERCICES ÉCRITS.

Écrire en chiffres les nombres suivants :

Vingt-trois mille sept cent trois; deux cent quinze mille deux cent quarante; douze mille treize; trois cent mille cinq cent quarante-sept; trois cent mille deux; sept cent seize mille quatre-vingts; huit cent trente mille soixante et un; neuf cent mille un.

77. — ÉCRITURE DES NOMBRES (*Suite*)

Pour écrire un nombre qui contient des millions, des mille et des unités, on écrit séparément : le nombre de millions, le nombre de mille et le nombre d'unités en laissant un petit intervalle entre chaque ordre.

On écrit séparément chaque classe comme si elle était seule.

La classe des unités occupe les **3** premiers rangs *à droite*.

La classe des mille occupe les **3** rangs suivants à la gauche des centaines.

La classe des millions occupe les **3** rangs suivants à la gauche des centaines de mille.

EXEMPLES : *Écrire en chiffres :*

Quatre cent cinquante millions, trois cent deux mille, cinq cent quatre-vingt-huit unités.

C'est : **450** millions **302** mille **588** unités

ce qui s'écrit : **450 382 588.**

Classe des   Classe des   Classe des
millions.   mille.   unités.

Sept cent treize millions, six cent quarante-deux unités. Il n'y a pas de mille : on remplace cette classe par des zéros et on écrit :

713 000 642

Millions.   Mille.   Unités.

Vingt millions, cinq cent huit mille, neuf unités s'écrit :

20 508 009

(pas d'unités de millions, pas de dizaines de mille, pas de centaines et de dizaines d'unités on remplace ces ordres par des zéros).

78. — LIRE UN NOMBRE ÉCRIT

Pour lire un nombre de plus de trois chiffres :

On le partage en tranches de **3** chiffres en commençant par la droite.

La dernière tranche à gauche peut n'avoir qu'un ou deux chiffres.

La première tranche à droite est la tranche des unités.

La deuxième tranche celle des mille.

La troisième tranche celle des millions.

TROISIÈME CLASSE			DEUXIÈME CLASSE			PREMIÈRE CLASSE		
Centaines de millions.	Dizaines de millions.	Millions.	Centaines de mille.	Dizaines de mille.	Mille.	Centaines d'unités.	Dizaines d'unités.	Unités.
4	0	1	9	3	6	7	6	4
Tranche des **MILLIONS**			Tranche des **MILLE**			Tranche des **UNITÉS**		

On lit chaque tranche comme si elle était seule en commençant par la gauche et on dit à la suite le nom de la classe qu'elle représente.

Ainsi le nombre ci-dessus se lit :

401 millions **936** mille **764** unités.

Quatre cent un *millions*, neuf cent trente-six *mille*, sept cent soixante-quatre.

EXERCICE.

Lire les nombres suivants :

6 000 ; 12 640 ; 8 300 ; 2 605 ; 9 008 ; 42 639 ; 50 380 ; 32 007 ; 70 053 ; 853 092 ; 500 740 ; 910 007 ; 700 002 ; 500 000 ; 6 349 572 ; 7 000 610 ; 2 803 004 ; 5 000 080 ; 65 092 071 ; 85 600 039 ; 206 003 800 ; 900 070 815.

EXERCICES
Sur la lecture et l'écriture des nombres au delà de mille.

1. Nommez tous les ordres : 1° depuis les unités simples jusqu'aux centaines de millions ; 2° depuis les centaines de millions jusqu'aux unités simples.

2. Quelles sont les unités des 2°, du 4°, du 7°, du 9° ordre ?

3. De quels ordres sont les unités simples ? les centaines d'unités, les dizaines de mille, les centaines de mille, les dizaines de millions ?

4. Combien d'ordres dans chaque classe ?

5. Combien d'unités font : 2 dizaines d'unités, 3 centaines d'unités, 4 unités de mille, 7 centaines de mille, 6 dizaines de millions ?

6. Combien faut-il ajouter de zéros à la droite du chiffre 5 pour lui faire exprimer des unités de mille, des centaines de mille, des unités de millions, des dizaines de millions ?

7. Que représente le chiffre placé : 1° à la droite, 2° à la gauche des unités de mille, des centaines de mille, des dizaines de millions ?

8. De quel ordre sont les unités : 1° dix fois plus grandes, 2° dix fois plus petites que : les dizaines d'unités, les centaines d'unités, les dizaines de mille, les unités de millions ?

9. Quel est le plus petit nombre de quatre chiffres, le plus grand ? Même question pour cinq chiffres, six chiffres, sept chiffres.

10. Quelles unités remplace un zéro qui se trouve au troisième rang, au cinquième, au septième, au deuxième, au sixième, au huitième ?

11. Combien faut-il de chiffres pour écrire un nombre qui commence aux dizaines de mille, aux unités de millions, aux centaines de mille, aux dizaines de millions ?

12. Lire le nombre suivant, puis dire ce que représente chaque chiffre : 1° en commençant par la droite, 2° par la gauche : 329 584 706.

13. Énoncer les nombres formés de :
Deux unités de mille et cinq dizaines d'unités ; trois dizaines de mille et six centaines d'unités ; trente-cinq unités de mille et sept dizaines d'unités ; vingt-cinq dizaines de mille et trois unités simples ; six centaines de mille et trois centaines d'unités ; sept centaines de mille, trois unités de mille et quatre dizaines d'unités ; trente-six dizaines de mille ; deux dizaines de millions, cinq centaines de mille et huit dizaines d'unités ; six dizaines de millions et six centaines d'unités.

14. Écrire en chiffres les nombres suivants :
Six cent cinquante mille huit cent soixante-douze unités ; vingt mille quatre-vingt seize unités ; cent mille quatre-vingts unités ; trois cent quatre mille douze unités ; sept cent mille neuf unités ; cinq millions huit mille vingt-sept unités ; sept millions trois cent cinq unités ; douze millions six cent cinquante mille ; trente millions soixante et onze mille cinq cents ; quatre-vingt millions trois cent six mille quinze ; cinquante-six millions trois mille quatre cent dix ; cent soixante-cinq millions six cent mille quatre-vingt-quatorze unités ; huit cent deux millions six mille trois cents ; cent millions soixante-dix-huit mille quatre.

15. Lire, puis écrire en lettres les nombres suivants : 5 380 ; 2 075 ; 7 600 ; 10 009 ; 35 790 ; 70 513 ; 98 087 ; 50 360 ; 600 271.

16. Même exercice avec les nombres : 310 024 ; 902 804 ; 4 650 019 ; 8 040 730 ; 10 038 600 ; 70 200 046 ; 803 604 007.

79. — ADDITION

Les additions avec un nombre quelconque de chiffres se font comme lorsqu'il n'y a que trois chiffres.

Il faut avoir bien soin de mettre les unités sous les unités, les dizaines sous les dizaines, les centaines sous les centaines, et ainsi de suite.

Il ne faut pas oublier les retenues.

EXEMPLE D'ADDITION :

```
   213 715
    45 004
   703 951
   210 746
 4 763 813
       409
    75 777
 ─────────
 6 013 415
```

On ajoute les unités ; on trouve **35**, on pose **5** et on *retient* **3**. On ajoute **3** aux dizaines ; on trouve **21** ; on pose **1** et on *retient* **2**. On ajoute **2** aux centaines ; on trouve **44** ; on pose **4** et on *retient* **4**. On ajoute **4** aux mille ; on trouve **23** ; on pose **3** et on *retient* **2**. Et ainsi de suite.

EXERCICES DE CALCUL ÉCRIT.

Additions à faire :

1.		
416 203	23 416 270	435 846 987
25 415	115	246 713 419
213 999	3 792 004	4 605 715
783	46 316	983 004 229
3 715 007	2 888 475	765 432 189
22 419	16 666	12 345 678

2. $81\,216\,23 + 46 + 21\,789 + 416\,713 + 7\,514$;

$2\,706\,981 + 33\,789 + 2\,301 + 6\,815\,943$;

$16\,200\,273 + 86\,463\,965 + 23\,744 + 59\,413$

80. — CALCUL MENTAL

Le complément à 10 d'un chiffre est un autre chiffre qui, ajouté au premier, donne une somme égale à **10**.

Chiffres :   **1   2   3   4   5   6   7   8   9**
Compléments à 10 : **9   8   7   6   5   4   3   2   1**

Exercice I. — Énoncer immédiatement la somme de trois et même de plus de trois chiffres lorsque deux ou plusieurs chiffres ont une somme égale à **10** ou à un nombre exact de dizaines.

Ainsi on doit dire de suite : **7, 5** et **3** font **15**, en observant que **7** et **3** font **10** (**3** et **7** sont *complémentaires* à **10**).

De même, **8, 4** et **2** font **14**, car **2** est le complément à **10** de **8**.

Exercice II. — On appelle nombre *rond* un nombre terminé par un ou plusieurs zéros.

Arrondir un nombre, c'est lui ajouter un chiffre tel, que la somme obtenue soit un nombre rond.

Pour arrondir un nombre, il suffit de lui ajouter le complément à **10** du chiffre des unités.

Pour arrondir **57**, on ajoute **3** et on a **60**. Pour arrondir **118**, on ajoute **2** et on a **120**.

EXERCICES ORAUX.

1. Faire de tête les additions suivantes :
7+4+3 ;   6+5+4 ;   6+3+2+2 ;   8+4+1+2 ;
5+3+2+6 ; 4+4+3+2 ; 9+4+1+3 ; 16+4+4+2 ;
26+3+7 ; 5+16+5 ; 5+36+2+3.

2. Un élève a trois casiers : dans le premier il y a 6 livres ; dans le second 3 livres ; dans le troisième 4 livres. Combien y a-t-il de livres ?

3. Une personne achète quatre objets qui valent 4ᶠʳ, 3ᶠʳ, 2ᶠʳ et 8ᶠʳ. Combien a-t-elle payé ?

4. Arrondir les nombres suivants :
13, 47, 42, 54, 72, 83, 97, 146, 215, 163, 1271.

81. — CALCUL MENTAL *(Suite)*

Exercice III. — *Ajouter des nombres terminés par des zéros.*

Ainsi **40** et **50** et **60** font **4** et **5** et **6** *dizaines*, donc **15** dizaines ou **150**.

De même, **300** et **400** et **700** font **3** et **4** et **7** *centaines* ou **14** centaines ou **1400**.

Exercice IV. — *Faire de tête la somme de deux chiffres.*

Pour cela on ajoute *d'abord* les dizaines et ensuite les unités. On réunit les résultats. Ainsi, pour ajouter **23** et **45** on dit : **20** et **40** font **60** ; **3** et **5** font **8** ; **60** et **8** font **68**.

De même, pour ajouter **86** et **58** on dit : **80** et **50** font **130** ; **6** et **8** font **14** ; **130** et **14** font **144**.

EXERCICES ORAUX.

1. Faire de tête les additions suivantes :

$60 + 70 + 30$; $\qquad 40 + 50 + 60$; $\qquad 60 + 30 + 10$; $200 + 100 + 600$; $\quad 700 + 800 + 300$; $\quad 4000 + 5000 + 2000$; $46 + 53$; $\quad 52 + 21$; $\quad 23 + 34$; $\quad 64 + 27$; $\quad 72 + 38$; $\quad 48 + 69$; $67 + 75$; $\quad 99 + 88$; $\quad 73 + 67$; $\quad 87 + 78$.

2. Combien de grammes font :

6 décagrammes et 2 décagrammes et 3 décagrammes ; 7^{dag} et 2^{dag} et 3^{dag} ; 8^{hg} et 4^{hg} et 2^{hg} ; 6^{kg} et 3^{kg} et 2^{kg} ?

3. Combien de litres font : 2 hectolitres et 7 hectolitres et 5 hectolitres ; 8 décalitres et 4 décalitres et 6 décalitres ; 13 décalitres et 7 décalitres et 6 décalitres ?

4. Un voyageur a fait trois étapes : la première de 3 kilomètres, la seconde de 6 kilomètres, la troisième de 7 kilomètres. Combien a-t-il fait de mètres ?

5. Une personne achète successivement 6 hectogrammes, puis 5 hectogrammes de viande. Combien de grammes de viande a-t-elle achetés ?

6. Un petit garçon a deux boîtes de plumes. Dans la première il y a 35 plumes, et dans la seconde 28 plumes. Combien a-t-il de plumes ?

7. De Paris à Juvisy il y a 23 kilomètres, de Juvisy à Étampes il y a 37 kilomètres. Combien y-a-t-il de kilomètres de Paris à Étampes ? Combien de mètres ?

BOURLET. — ARITH. ÉLÉM.

7

82. — SOUSTRACTION

Les soustractions avec un nombre quelconque de chiffres se font comme lorsqu'il n'y a que trois chiffres.

Il faut avoir bien soin de mettre les unités sous les unités, les dizaines sous les dizaines, les centaines sous les centaines, et ainsi de suite.

Ne pas oublier les retenues.

Ne pas oublier d'abaisser les derniers chiffres à gauche.

<u>Exemple de soustraction</u> :

$$
\begin{array}{r}
415\,203\,712 \\
9\,781\,801 \\
\hline
405\,421\,911
\end{array}
$$

On dit 1 de 2 reste 1, je pose 1. 0 de 1 reste 1, je pose 1. 8 de 17 reste 9, je pose 9 et je *retiens* 1. 1 de retenue et 1 font 2 ; 2 de 3 reste 1 ; je pose 1. 8 de 10 reste 2 et je *retiens* 1. 1 de retenue et 7 font 8 ; 8 de 12 reste 4 ; je pose 4 et je *retiens* 1. 1 et 9 font 10 ; 10 de 15 reste 5 ; je pose 5 et je *retiens* 1. 1 de 1 reste 0 ; je pose 0. J'abaisse le 4.

EXERCICES DE CALCUL ÉCRIT.

Soustractions à faire :

1.

415 920	316 000	743 400 783
206 789	28 715	63 183 691

2. 13 746 — 7 851 ; 65 401 — 24 416 ; 100 000 — 887 ; 600 743 402 — 93 337 789 ; 13 000 000 — 12 836 715 ; 325 800 213 — 78 789 666 ; 17 000 415 — 4 958 629 ; 289 783 304 — 15 900 716.

83. — CALCUL MENTAL
DANS LA SOUSTRACTION

Exercice I. — Pour retrancher un nombre d'un chiffre d'un autre nombre, on retranche ce chiffre de celui des unités, si c'est possible.

Ainsi : **3** de **5** reste **2**, donc **3** de **45** reste **42** ;
4 de **7** reste **3**, donc **4** de **257** reste **253** ;
5 de **5** reste **0**, donc **5** de **365** reste **360**.

Si le chiffre à retrancher est plus grand que le chiffre des unités du grand nombre, on emprunte une dizaine pour pouvoir faire la soustraction.

Pour retrancher **8** de **65** on dit : **65** c'est **50** et **15**, **8** de **15** reste **7**, donc **8** de **65** reste **50** et **7** ou **57**.

De même, soit à retrancher **6** de **273**. — On dit : **273** c'est **260** et **13** ; **6** de **13** reste **7**, **6** de **273** reste **260** et **7**, ou **267**.

EXERCICES DE CALCUL MENTAL.

1. Faire les soustractions suivantes :

48 — 5 ; 52 — 1 ; 44 — 4 ; 36 — 3 ; 57 — 2 ; 21 — 1 ;
16 — 3 ; 17 — 4 ; 86 — 5 ; 92 — 6 ; 71 — 5 ; 63 — 7 ;
75 — 7 ; 22 — 8 ; 46 — 9 ; 40 — 7 ; 32 — 3 ; 426 — 5 ;
523 — 2 ; 234 — 4 ; 126 — 5 ; 227 — 7 ; 233 — 8 ; 274 — 7 ;
846 — 9 ; 750 — 4 ; 622 — 3 ; 210 — 2 ; 110 — 1 ; 715 — 7.

2. Sur un arbre il y a 47 pommes ; on en cueille 5. Combien en reste-t-il ?

3. Dans une cave il y a 238 bouteilles ; on en enlève 6. Combien en reste-t-il ?

4. Un voyageur a 25 kilomètres à faire dans un jour ; il fait 8 kilomètres le matin. Combien lui reste-t-il de kilomètres à faire le soir ?

5. Une personne va dans un magasin avec 261 fr. dans son porte-monnaie. Elle en sort n'ayant plus que 7 fr. Combien a-t-elle dépensé ?

6. Une personne part en voyage avec 75 fr. Elle voyage pendant 7 jours et dépense chaque jour 8 fr. Combien lui reste-t-il au bout du premier jour de voyage, au bout du second jour, et ainsi de suite, au bout du septième jour ?

84. — CALCUL MENTAL
DANS LA SOUSTRACTION (*Suite*)

Exercice II. — *Retrancher des nombres terminés par des zéros.*

EXEMPLES : **70 — 30; 700 — 300; 7000 — 3000.**

70 moins **30** font **7** dizaines moins **3** dizaines, leur différence est **4** dizaines ou **40**.

De même **700** moins **300** font **7** centaines moins **3** centaines = **4** centaines ou **400**;

Et **7000** moins **3000** font **4** unités de mille ou **4000**.

Exercice III. — *Retrancher des nombres de deux chiffres.*

Trois cas peuvent se présenter :

1° Un nombre de dizaines et d'unités moins un nombre de dizaines exact. Ex. : **65 — 40.**

On dit **6** dizaines moins **4** dizaines = **2** dizaines ou **20**; la différence est donc **20 + 5 = 25**.

2° Un nombre exact de dizaines moins un nombre de dizaines et d'unités. Ex. : **80 — 37.**

On arrondit **37** en ajoutant **3** et on obtient **40**;

La différence sera **8** dizaines moins **4** dizaines plus les **3** unités ajoutées pour arrondir, ou **40 + 3 = 43**.

3° Les deux nombres ont des dizaines et des unités. Ex. : **72 — 46.**

On arrondit le plus petit nombre **46** en ajoutant **4** pour obtenir **50**; on retranche **50** de **72** comme dans le 1er cas ce qui donne **22**, et la différence sera **22 + 4 = 26**, obtenue en ajoutant à **22** le nombre **4** qui a servi à arrondir.

EXERCICES ORAUX

1. Faire de tête les soustractions suivantes :

90 — 40	700 — 200	10 000 — 3 000
70 — 50	800 — 300	9 000 — 6 000
80 — 30	900 — 500	8 000 — 5 000
60 — 10	600 — 200	7 000 — 4 000
50 — 20	800 — 400	6 000 — 2 000

2.

38 — 20	59 — 20	67 — 30	93 — 50
49 — 30	76 — 30	78 — 40	86 — 70
54 — 10	37 — 10	83 — 20	78 — 20
75 — 50	55 — 40	89 — 60	95 — 60
92 — 40	68 — 50	91 — 50	99 — 30

3.

30 — 23	40 — 12	60 — 39	70 — 19
40 — 14	30 — 17	70 — 27	50 — 32
50 — 38	70 — 45	80 — 63	93 — 28
60 — 45	90 — 74	90 — 46	80 — 47
70 — 57	50 — 36	30 — 14	60 — 15

4.

54 — 21	43 — 19	75 — 28	92 — 35
25 — 12	65 — 36	84 — 37	87 — 28
36 — 13	54 — 48	92 — 65	76 — 17
48 — 25	72 — 37	67 — 49	68 — 39
67 — 36	81 — 54	59 — 18	91 — 43

5. Combien de litres font :

$9^{dal} - 3^{dal}$, $7^{dal} - 2^{dal}$, $8^{dal} - 5^{dal}$; $6^{dal} - 4^{dal}$, $5^{dal} - 3^{dal}$, $7^{hl} - 2^{hl}$, $9^{hl} - 3^{hl}$, $8^{hl} - 1^{hl}$; $6^{hl} - 4^{hl}$; $9^{hl} - 5^{hl}$?

6. Combien de grammes font :

$10^{kg} - 3^{kg}$; $7^{kg} - 2^{kg}$; $9^{kg} - 4^{kg}$; $8^{kg} - 1^{kg}$; $6^{kg} - 5^{kg}$?

7. Combien de mètres font :

$8^{dam} - 4^{dam}$; $9^{hm} - 6^{hm}$; $7^{km} - 6^{km}$; $10^{dam} - 7^{dam}$; $13^{hm} - 7^{hm}$. $12^{km} - 8^{km}$; $11^{dam} - 6^{dam}$; $14^{dam} - 9^{dam}$; $15^{dam} - 10^{dam}$; $15^{km} - 7^{km}$?

8. Un marchand de vin a 70^{hl} de vin; il vend 30^{hl}. Combien lui reste-t-il d'hectolitres ?

9. Un épicier a 53 douzaines d'œufs; il en vend 40 douzaines. Combien lui en reste-t-il ?

10. Pour 50 exemptions on donne un prix. Un élève a 36 exemptions. Combien doit-il encore en gagner pour avoir un prix ?

85. — MULTIPLICATION

On fait une multiplication de deux nombres quelconques comme dans le cas où il n'y a que deux chiffres au multiplicateur.

On multiplie successivement le multiplicande par tous les chiffres du multiplicateur en commençant par la droite.

On saute les zéros au multiplicateur.

Il faut avoir bien soin d'écrire chaque produit partiel de façon que le dernier chiffre à droite soit bien exactement sous le chiffre du multiplicateur dont il provient :

multiplicande.	**435 038**	On multiplie successivement le multiplicande par **7, 6, 2** en *sautant le zéro.*
multiplicateur	**2 067**	
produits partiels.	**3 045 266**	Il faut faire bien attention de mettre le premier chiffre du produit par **2** sous le **2.**
	26 102 28	
	870 076	
produit. . . .	**899 223 546**	

MULTIPLICATIONS A FAIRE PAR ÉCRIT.

1.

3 458	4 509	28 247	7 213
343	207	3 056	498

2. 45 678 × 234 ; 80 912 × 286 ; 48 715 × 503 ; 7 816 × 2 304 ; 73 912 × 4 067 ; 45 627 × 603 ; 2 843 × 5 408 ; 7 788 × 7 605 ; 42 813 × 678.

PROBLÈMES. — **3.** Un train fait 112 kilomètres à l'heure. Quelle distance parcourrait-il en 165 heures ?

4. Un marchand achète 2 543 barriques de vin à 317 fr. la barrique. Combien a-t-il payé ?

5. L'ancienne lieue de poste valait 3 898 mètres. Combien y avait-il de mètres dans 4 603 lieues ?

86. — PRODUIT DE NOMBRES TERMINÉS PAR DES ZÉROS

Pour multiplier deux nombres terminés par des zéros, on supprime les zéros ;

On multiplie les deux nombres obtenus ;

On ajoute au produit autant de zéros à droite qu'on en a supprimé en tout dans les deux nombres.

$$
\begin{array}{r}
4057 \\
23 \\
\hline
12171 \\
8114 \\
\hline
93311
\end{array}
$$

Ainsi pour faire le produit de **40570** par **23000**, on supprime les zéros à droite. On multiplie **4057** par **23**, ce qui donne **93311** et on ajoute *quatre* zéros à droite, puisqu'on en a supprimé quatre.

Le produit est donc : **933110000**.

$$
\begin{array}{r}
92514 \\
609 \\
\hline
832626 \\
555084 \\
\hline
56341026
\end{array}
$$

De même, pour multiplier **92514** par **6090**, on supprime le zéro au multiplicateur. On multiplie **92514** par **609**, ce qui donne **56341026**. On ajoute *un* zéro à droite.

Le produit est : **563410260**.

EXERCICES.

1. Faire les multiplications suivantes :

43500 × 2370 ; 30480 × 27900 ; 978000 × 8940 ;
704050 × 494 ; 7304 × 5200 ; 89520 × 7314 ;
6457 × 2930 ; 30300 × 270.

2. La lumière parcourt 298000 kilomètres à la seconde. Elle met 498 secondes à venir du soleil à la terre. Quelle est la distance du soleil à la terre ?

3.

4758 × 23	6395 × 405	9583 × 596
5903 × 34	3759 × 738	57386 × 798
92836 × 95	5930 × 804	29508 × 679
39285 × 78	5709 × 670	69007 × 790
59074 × 65	72946 × 807	30807 × 895

87. — CALCUL MENTAL

Exercice I. — *Multiplier un nombre par* **10**, **100**, **1000**.

On dit : $5 \times 10 = 50$ J'ajoute un zéro.

$5 \times 100 = 500$ »   **2** zéros.

$5 \times 1000 = 5000$ »   **3** zéros.

Exercice II. — *Multiplier un nombre terminé par des zéros.*

EXEMPLES : 60×5 ; 600×5 ; 6000×5.

On dit : **5** fois **6** dizaines font **30** dizaines ou **300**.

5 fois **6** centaines font **30** centaines ou **3000**.

5 fois **6** mille font **30** unités de mille ou **30000**.

Exercice III. — *Multiplier un nombre de dizaines et d'unités par un nombre d'unités.*

Exemple : 45×6.

On dit : **6** fois **4** dizaines font **24** dizaines ou **240**.

6 fois **5** unités font **30** unités.

En tout : $240 + 30 = 270$.

---

1. Rendre 10, 100, 1000 fois plus grands les nombres 4, 9, 38, 60, 345, 504, 750.

2. Un volume vaut 3 fr., quel est le prix de 10, 100, 1000 volumes.

3. Combien de mètres dans 76 kilomètres ? de grammes dans 328 hectogrammes ? de litres dans 5348 décalitres ?

4. Multiplier 20 par 1, 2, 3, etc. en comparant les produits à ceux de la table par 2. Faire de même la table par 30, par 40, 50, 60, 70, 80, 90.

5. Combien valent 3, 5, 9, 4, 10 pièces de 20 fr.?

6. Dans chaque page de mon livre il y a 30 lignes. Trouver le nombre de lignes contenues dans 4, 7, 3, 9, 8 pages.

7. Un train fait 40 kilomètres à l'heure. Combien parcourt-il en 3 heures ? 4 heures ? 8 heures ? 10 heures ?

8. Que valent 3 billets de 50 fr.? 9 billets? 4 billets? 3 billets?

9. Combien de minutes dans 5 heures? 2 heures? 6 heures? 3 heures? 8 heures?

10. Une personne parcourt 70 mètres par minute. Combien fait-elle en 3 minutes? 5 minutes? 8 minutes? 10 minutes?

88. — DOUBLES ET QUADRUPLES

Doubler un nombre c'est multiplier ce nombre par **2**.

Il faut s'exercer à savoir dire, très rapidement, les doubles des petits nombres.

Nombres :	1,	2,	3,	4,	5,	6,	7,	8,	9,	10
Doubles :	2,	4,	6,	8,	10,	12,	14,	16,	18,	20
Nombres :	11,	12,	13,	14,	15,	16,	17,	18,	19,	20
Doubles :	22,	24,	26,	28,	30,	32,	34,	36,	38,	40
Nombres :	21,	22,	23,	24,	25,	26,	27,	28,	29,	30
Doubles :	42,	44,	46,	48,	50,	52,	54,	56,	58,	60
Nombres :	31,	32,	33,	34,	35,	36,	37,	38,	39,	40
Doubles :	62,	64,	66,	68,	70,	72,	74,	76,	78,	80
Nombres :	41,	42,	43,	44,	45,	46,	47,	48,	49,	50
Doubles :	82,	84,	86,	88,	90,	92,	94,	96,	98,	100

Quadrupler un nombre c'est multiplier ce nombre par **4**.

Pour quadrupler un nombre on le double deux fois.

Ainsi, pour quadrupler **23** je dis : le double de **23** est **46**; le double de **46** est **92**. Donc **92** est le quadruple de **23**.

---

1. Quadrupler les 25 premiers nombres.

2. Paul avait 26 billes; il joue et en gagne le double. Combien a-t-gagné de billes?

3. Une avenue se compose de 4 rangées de 24 arbres. Combien d'arbres dans cette avenue?

4. Une cuisinière a acheté 2 paires de poulets à 4 fr. chaque poulet. Combien a-t-elle payé?

89. — TRIPLES

Tripler un nombre c'est multiplier ce nombre par **3**.

Il faut s'exercer à savoir dire très rapidement les triples des petits nombres.

Nombres :	1,	2,	3,	4,	5,	6,	7,	8,	9,	10,	11
Triples :	3,	6,	9,	12,	15,	18,	21,	24,	27,	30,	33
Nombres :	12,	13,	14,	15,	16,	17,	18,	19,	20,	21,	22
Triples :	36,	39,	42,	45,	48,	51,	54,	57,	60,	63,	66
Nombres :	23,	24,	25,	26,	27,	28,	29,	30,	31,	32,	33
Triples :	69,	72,	75,	78,	81,	84,	87,	90,	93,	96,	99

Pour doubler ou tripler un nombre terminé par des zéros, on double ou triple les dizaines, les centaines ou les unités de mille;

Ainsi les doubles de **30**, de **400**, de **5000**, sont **6** dizaines ou **60**, **8** centaines ou **800**, **10** unités de mille ou **10 000**.

---

1. Doubler, tripler et quadrupler les nombres suivants :
12, 25, 14, 18, 22, 40, 70, 300, 250, 800, 4000, 1300, 8000.

2. Combien de litres dans un double décalitre? 2 doubles décalitres? Un double hectolitre? 2 doubles hectolitres?

3. On veut clore un jardin de 500 mètres de pourtour avec une triple rangée de fil de fer. Trouver la longueur du fil.

4. Paul a 16 billes. Son frère en a le double. Combien en ont-ils ensemble?

5. Trouver de tête les produits suivants :

21×3	42×4	53×5	55×6	28×7	43×8	26×9
32×3	53×4	62×5	48×6	95×7	64×8	37×9
43×3	61×4	75×5	39×6	47×7	72×8	58×9
54×3	72×4	94×5	27×6	53×7	86×8	65×9
65×3	85×4	38×5	54×6	62×7	38×8	74×9

90. — MOITIÉ

Prendre la **moitié** d'un nombre c'est le diviser par **2**.

2, 4, 6, 8, sont appelés **chiffres pairs.**
1, 3, 5, 7, 9, chiffres impairs.

On appelle **nombre pair** un nombre terminé par **0** ou un chiffre pair.

On appelle **nombre impair** un nombre terminé par un chiffre impair.

Ainsi   **20, 32, 48** sont *pairs*,
         31, 47, 53 sont *impairs*.

Quand on prend la moitié d'un nombre *pair* il n'y a pas de reste.

Les moitiés de **20, 32, 48** sont **10, 16, 24,** sans reste.

Quand on prend la moitié d'un nombre *impair* il reste toujours **1**.

Ainsi les moitiés de **31, 47, 53** sont **15, 23, 26** et il reste toujours **1**, car les doubles de **15, 23** et **26** sont **30, 46** et **52**.

Pour prendre la moitié d'un nombre on cherche le **plus grand double** qui y est contenu.

La moitié de **36** est **18**, car **36** est le double de **18**. La moitié de **63** est **31**, car **62**, le double de **31**, est le plus grand double contenu dans **63**. Le reste est **1**.

Au lieu du mot **moitié** on emploie aussi quelquefois le mot **demie**.

QUESTIONNAIRE

1. Qu'est-ce qu'un nombre pair ?
2. Quels sont les chiffres pairs ?
3. Qu'est-ce qu'un nombre impair ?
4. Quels sont les chiffres impairs ?
5. Quels sont les nombres qui ne donnent pas de reste par 2 ?

EXERCICES ORAUX.

6. Prendre les moitiés des nombres 46, 54, 55, 67, 88, 22, 12, 84, 72, 75, 27, 35, 90.

91. — TIERS. QUART

Prendre le **tiers** d'un nombre c'est diviser ce nombre par **3**.

Pour prendre le tiers d'un nombre, on cherche le **plus grand triple** contenu dans ce nombre.

Ainsi le tiers de **36** est **12**, car **36** est le triple de **12**. Le tiers de **43** est **14**, car le triple de **14** est **42**. Il reste **1**.

Prendre le *quart* d'un nombre c'est diviser ce nombre par **4**.

Pour prendre le quart d'un nombre on en prend la moitié, puis la moitié de cette moitié; car **4** c'est **2** fois **2**.

Ainsi pour avoir le quart de **48**, j'en prends la moitié qui est **24**; puis la moitié de **24** qui est **12**. Le quart de **48** est **12**.

---

1. Prendre les tiers et les quarts de : 24, 72, 40, 56, 81, 99, 63, 58, 21, 44.

2. Combien y a-t-il d'œufs dans une demi-douzaine d'œufs, dans un tiers de douzaine, dans un quart de douzaine ?

3. Dans une heure il y a 60 minutes. Combien y a-t-il de minutes dans une demi-heure, un tiers d'heure, un quart d'heure ?

4. Un *quarteron* est le quart d'un cent. Combien y a-t-il de pommes dans un quarteron de pommes ?

5. Combien y a-t-il de litres dans un demi-hectolitre, dans un quart d'hectolitre, dans un demi-boisseau ou demi-décalitre ?

6. Quelle est la moitié d'un kilomètre ? Quel est le quart d'un kilomètre ?

7. Un voyageur doit faire 42 kilomètres dans la journée. Il en fait la moitié le matin et l'autre moitié le soir. Qu'a-t-il fait le matin ?

8. Refaire le même problème en supposant que le voyageur ait 43 kilomètres à faire.

9. Combien y a-t-il de grammes dans un demi-kilogr., dans un quart d'hectogramme ?

10. Combien y a-t-il de grammes dans *une livre* qui vaut un demi-kilogramme ?

92. — DIVISION AVEC DEUX CHIFFRES AU DIVISEUR

PREMIER EXEMPLE : *Soit à diviser* **546** *par* **23.**

dividende : **546** | **23** *diviseur*
46 | **23** *quotient*
86
69
reste : **17**

Je prends deux chiffres à gauche au dividende et je dis : en **54** combien de fois **23** ou, plus simplement, en **5** combien de fois **2**? Il y est **2** fois.

J'essaie **2**, **2** fois **23** font **46**. **46** est plus petit que **54**. J'écris **2** au quotient. J'écris **46** au-dessous de **54** et je fais la soustraction. Il reste **8**.

A droite de **8** *j'abaisse* le chiffre suivant du dividende. Je dis : en **86** combien de fois **23** ou plus simplement en **8** combien de fois **2**? Il y est **4** fois.

J'essaie **4**. Or, **4** fois **23** font **92**, **92** est plus grand que **86**. **4** est *trop fort*. *J'essaie* **3**. **3** fois **23** font **69**. **69** est contenu dans **86**. J'écris **3** au quotient. J'écris **69** *sous* **86** et je fais la soustraction. Il reste **17**.

Le *quotient* est **23**. Le *reste* est **17**.

N'écrire un chiffre au quotient que lorsqu'il a été essayé et qu'il n'est pas trop fort.

N'écrire un produit pour le soustraire que s'il n'est pas trop fort.

REMARQUE. — Si le deuxième chiffre du diviseur est un zéro, il est inutile d'essayer les chiffres du quotient.

93. — DIVISION (*Suite*)

Prendre pour commencer trois chiffres à gauche du diviseur s'il n'y en a pas assez de deux.

DEUXIÈME EXEMPLE : *Soit à diviser* **25 791** *par* **43**.

dividende **25791** | **43** *diviseur*
215 | **599** *quotient*
429
387
421
387
reste **34**

43 n'est pas contenu dans 25. Je prends *trois* chiffres à gauche dans le dividende et je dis : Dans 257 combien de fois 43 ou mieux dans 25 combien de fois 4 ?

Il y est **6** fois. J'essaie **6**. Or, 6 fois 43 font 258 qui n'est pas contenu dans 257. Donc 6 est *trop fort*. J'essaie 5. Or, 5 fois 43 font 215 qui est contenu dans 257. J'écris 5 au quotient. J'écris 215 sous 257 et je soustrais. J'obtiens 42. J'abaisse le chiffre 9 suivant du dividende à droite de 42. Je dis : en 429 combien de fois 43 ou mieux en 42 combien de fois 4 ? Il y est 10 fois. 10 est sûrement *trop fort*, car on ne doit avoir qu'UN chiffre. J'essaie donc 9. Or, 9 fois 43 font 387 qui est contenu dans 429. J'écris 9 au quotient. J'écris 387 sous 429 et je soustrais. La différence est 42, à droite de 42 j'abaisse le dernier chiffre 1 du dividende. Je dis : dans 421 combien fois 43, ou mieux, dans 42 combien de fois 4 ? Il y est 10 fois. 10 est *sûrement trop fort*. J'essaie 9. 9 fois 43 font 387, qui est contenu dans 421. J'écris 9 au quotient. J'écris 387 sous 421 et je soustrais. Il reste **34**.

Le quotient est **599**. Le reste est **34**.

94. — DIVISION (Suite)

Lorsqu'on trouve pour le chiffre à essayer 10 ou plus de 10 : essayer de suite le chiffre 9.

Lorsque le chiffre du quotient est 0 : écrire de suite ce 0 et abaisser le chiffre suivant du dividende.

TROISIÈME EXEMPLE : *Soit à diviser* 23 374 *par* 58.

```
dividende : 23374  | 58   diviseur
             232   |————————————
            ————    403  quotient
             174
             174
            ————
reste :        0
```

58 n'est pas contenu dans 23. Je prends trois chiffres à gauche dans le dividende. Je dis : dans 232 combien de fois 58 ou dans 23 combien de fois 5 ? Il y est 4 fois. J'essaie 4. 4 fois 58 font 232. 232 est contenu dans 233. J'écris 4 au quotient. Je retranche 232 de 233. Il reste 1, à droite de 1 j'abaisse le chiffre 7 suivant du dividende. Je dis : dans 17 combien de fois 58 ? Il n'y est pas contenu. *J'écris* 0 *au quotient et j'abaisse le chiffre suivant* 4. Dans 174 combien de fois 58 ou dans 17 combien de fois 5 ? Il y est 3 fois. 3 fois 58 font 174. J'écris 3 au quotient.

Le reste est 0.

58 est contenu *exactement* 403 fois dans 23374, sans reste.

FAIRE LES DIVISIONS SUIVANTES.

7 629 : 30	49 583 : 70	11 934 : 51	25 032 : 42
14 895 : 40	55 762 : 80	59 290 : 71	10 678 : 22
9 162 : 50	78 345 : 90	28 954 : 41	24 428 : 62
34 957 : 60	19 344 : 31	30 462 : 81	22 816 : 92

95. — DIVISION (*Fin*)

VÉRIFICATION. — Pour voir si une division est juste, on multiplie le diviseur par le quotient. A ce produit on ajoute le reste. La somme est égale au dividende si l'opération est juste.

Vérifions les trois divisions précédentes.

PREMIÈRE VÉRIFICATION	DEUXIÈME VÉRIFICATION	TROISIÈME VÉRIFICATION
diviseur . **23**	diviseur . **43**	diviseur . **58**
quotient . **23**	quotient . **599**	quotient . **403**
69	**387**	**174**
46	**387**	**232**
produit . **529**	**215**	dividende . **23374**
reste . **17**	produit . **25757**	Ici il n'y a rien à ajouter *puisqu'il n'y* a pas de reste.
dividende . **546**	reste . **34**	
	dividende . **25791**	

EXERCICES A FAIRE PAR ÉCRIT.

Faire les divisions suivantes et *vérifier* les résultats :

1. 11 592 : 23 **2.** 173 264 : 34 **3.** 244 256 : 97 **4.** 8 097 : 14
21 915 : 53 282 735 : 45 288 975 : 48 4 418 : 15
9 200 : 33 74 025 : 75 25 543 : 78 12 927 : 16
57 039 : 63 19 189 : 26 22 000 : 39 6 679 : 17
15 110 : 64 117 382 : 56 61 588 : 89 8 120 : 18
49 730 : 84 38 458 : 67 3 308 : 13 6 254 : 16

5. 46 881 : 12 **6.** 156 873 : 16 **7.** 463 897 : 78
322 600 : 87 471 295 : 69 954 085 : 96
70 701 : 13 8 715 031 : 17 759 600 : 76
815 002 : 19 430 000 : 29 845 713 : 38
66 066 : 59 2 615 713 : 63 13 000 : 27
7 000 : 18 993 611 : 79 2 615 000 : 49

Lorsqu'on tend un fil on a une ligne droite.

Le bord d'une règle, les lignes tracées sur un cahier sont des lignes droites.

Un angle est la figure formée par deux lignes droites qui se coupent et qui sont *arrêtées* au point ou elles se coupent.

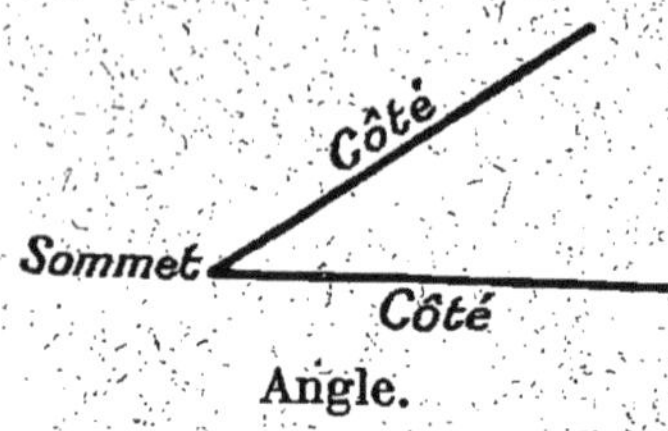

Angle.

Les deux droites sont appelées les côtés de l'angle. Le point où elles se rencontrent est le sommet de l'angle.

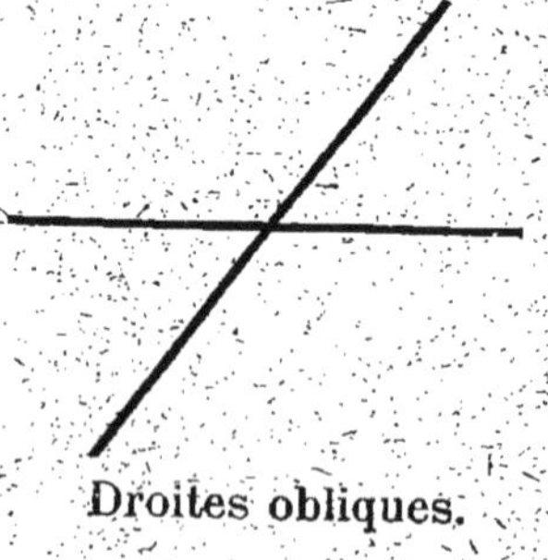

Droites perpendiculaires.

Deux droites sont perpendiculaires lorsqu'elles forment quatre angles égaux autour de leur point de rencontre.

Deux droites qui se rencontrent mais ne sont pas perpendiculaires sont appelées obliques.

Droites obliques.

Deux droites qui ne se rencontrent pas sont parallèles.

Droites parallèles.

On appelle **angle droit** un angle qui a ses deux côtés perpendiculaires.

Un angle est dit **aigu** lorsqu'il est *plus petit* qu'un angle droit.

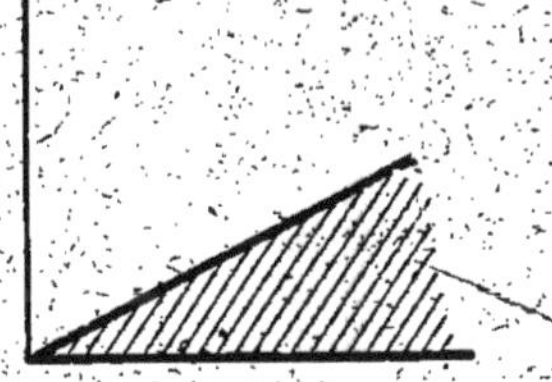

Angle droit.

Angle aigu.

L'angle aigu est contenu dans l'angle droit.

Un angle est dit obtus quand il est *plus grand* **qu'un angle droit.**

Angle obtus.

L'angle droit est contenu dans l'angle obtus.

On appelle triangle une figure formée de trois droites qui se rencontrent deux à deux en trois points.

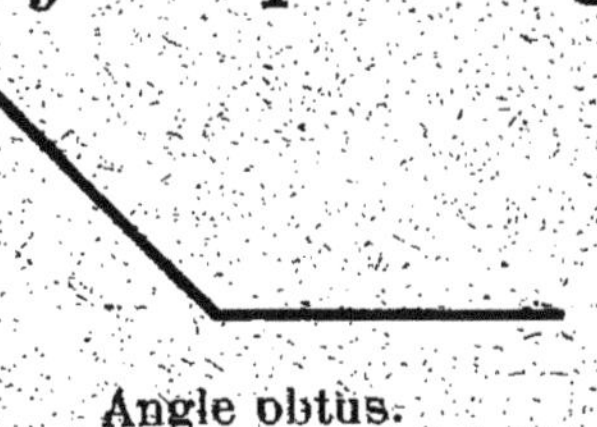

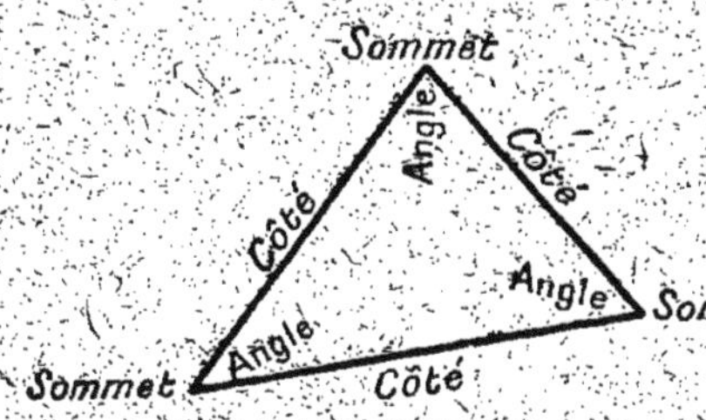

Les trois droites sont appelées les côtés du triangle; les trois points de rencontre sont appelés les trois sommets. Dans un triangle il y a : *trois côtés, trois sommets, trois angles.*

98. — GÉOMÉTRIE (*Fin*)

On appelle rectangle une figure formée de quatre droites qui forment quatre angles *droits.*

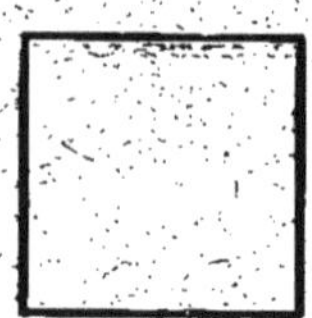

Rectangle.

Les quatre droites sont appelées les côtés du rectangle. Les points où elles se coupent sont appelés les **sommets**.

Dans un rectangle il y a : *quatre côtés, quatre sommets, quatre angles droits.*

Un carré est un rectangle dont les quatre côtés sont *égaux.*

Carré.

Dans un carré il y a : *quatre côtés égaux, quatre sommets, quatre angles droits.*

Un cercle est une figure ronde dont tous les points sont à la même distance d'un point appelé *centre.*

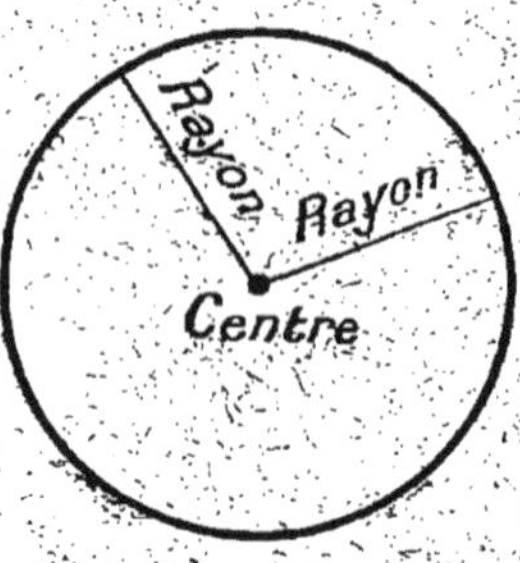

Cercle.

On appelle **rayon** la ligne qui va du centre à un point du cercle.

Tous les rayons d'un cercle sont égaux.

Un cerceau pour jouer est un cercle.

99. — PROBLÈMES

Voici quelques principes à retenir pour faciliter le raisonnement des problèmes :

Dans une année, il y a **365** jours, ou **12** mois, ou **4** trimestres, ou **52** semaines.

Chaque jour a **24** heures et chaque heure a **60** minutes.

On fait :

Une addition, chaque fois qu'on veut réunir plusieurs nombres en un seul.

Une soustraction, quand on veut trouver un reste ou une différence.

Une multiplication, quand on répète plusieurs fois le même nombre.

Une division, quand on partage un nombre en plusieurs parties égales, ou encore quand on cherche combien de fois un nombre est contenu dans un autre.

Le prix d'achat est la somme déboursée par un commerçant pour avoir une marchandise quelconque.

Le prix de vente est la somme qu'il reçoit en livrant la marchandise aux clients.

Le bénéfice est le gain qu'il fait en revendant les marchandises plus cher qu'il ne les a achetées.

Bénéfice = prix de vente moins prix d'achat.

Vente = prix d'achat plus le bénéfice.

Achat = prix de vente moins le bénéfice.

PROBLÈMES DE RÉCAPITULATION

PROBLÈMES A UNE OPÉRATION : ADDITION OU SOUSTRACTION

142. Combien y a-t-il d'hommes dans un régiment composé de quatre bataillons : le premier de 1210 hommes, le deuxième de 1075, le troisième de 985 et le quatrième de 1100 ?

143. Pour faire une cloche, on a fondu ensemble 3458 kilogrammes de cuivre et 865 kilogrammes d'étain. Quel est le poids de la cloche ?

144. Deux touristes gravissent le mont Blanc; ils se sont élevés à 2578 mètres et il leur reste encore à gravir 2232 mètres pour atteindre le sommet. Quelle est l'altitude du mont Blanc ?

145. Maman m'achète un pardessus de 75 fr. et donne à la caisse un billet de 100 francs. Combien lui rendra-t-on ?

146. Il me manque 75 fr. pour payer une somme de 800 francs. Combien ai-je ?

147. Une maison de commerce a fait, dans le courant d'une année, 346 000 fr. de recettes et 310 750 fr. de dépenses. Quel bénéfice net a réalisé cette maison ?

148. Un négociant a vendu 3 barriques de vin contenant : la première 225 litres, la deuxième 214 litres et la troisième 220 litres à raison de 1 fr. le litre. Quelle somme a-t-il reçue ?

149. Une personne a acheté une maison 17 850 fr. et l'a revendue 20 000 fr. Quel bénéfice a-t-elle réalisé ?

150. On achète dans un magasin un pardessus de 58 francs et un chapeau. Combien coûte le chapeau si on a payé en tout 72 fr ?

151. Une armée se compose de 25 800 fantassins, 4250 cavaliers et 1075 artilleurs. Combien y a-t-il de soldats dans cette armée ?

152. En revendant un cheval 1250 fr. le marchand dit qu'il a fait un bénéfice de 175 fr. Combien avait-il acheté ce cheval ?

153. Une armée qui comptait 25 300 soldats avant la bataille a été réduite à 23 954 soldats. Combien d'hommes ont disparu ?

154. Pour aller de Paris à Trouville un train part à 9 heures du matin et arrive à 4 heures du soir. Combien d'heures a duré le trajet ?

155. Un ouvrier qui gagne 1850 fr. par an n'a dépensé que 1578 fr. Combien a-t-il pu économiser ?

156. Une personne est née en 1875. En quelle année aura-t-elle 57 ans ?

157. A quel âge est morte, en 1903, une personne qui était née en 1827 ?

158. Un jardin rectangulaire a 95 mètres de long et 36 mètres de large. Combien faudra-t-il de mètres de clôture pour entourer ce jardin ?

159. Quelle somme doit emprunter une personne qui ne dispose que de 1500 francs pour payer une dette de 2450 francs ?

160 Dans un omnibus il y a 25 voyageurs à l'impériale, 6 voyageurs sur la plate-forme et 16 voyageurs à l'intérieur. Trouver le nombre de voyageurs transportés?

161. Une caisse pèse 12 kilogrammes quand elle est vide et 150 kilogrammes quand elle est pleine. Quel est le poids de la marchandise qu'elle renferme?

162. Une personne fait creuser un puits de 6 mètres de profondeur; elle doit payer 10 fr. pour le premier mètre, 16 fr. pour le deuxième, 22 fr. pour le troisième et ainsi de suite en augmentant de 6 fr. pour chacun des autres mètres. A combien reviendra le puits?

163. Combien faudra-t-il revendre une marchandise qui avait coûté 1387 francs pour faire un bénéfice de 170 francs?

164. Colomb a découvert l'Amérique en 1492. Depuis combien d'années connaît-on ce Nouveau Continent?

165. La somme de deux nombres est 52 344 et l'un de ces nombres est 16 679. Quel est l'autre?

166. Quel nombre faut-il retrancher de 58 635 pour obtenir 27 113 pour reste?

167. Trois personnes se sont partagé une somme. La première a reçu 5 874 fr., la deuxième 3 489 fr. et la troisième 2 643 fr. Quelle était la somme partagée?

168. Pour peser une marchandise le marchand a mis sur le plateau de la balance un poids de 500 grammes, 2 poids de 100 grammes et un poids de 20 grammes. Combien pèse cette marchandise?

169. Paul a 8 ans. En quelle année est-il né?

170. Sur une facture de 750 fr., le marchand a fait une remise de 30 fr. Combien doit-on verser?

171. Combien y a-t-il d'élèves dans un lycée sachant que 458 externes, 180 demi-pensionnaires et 296 internes suivent ses cours?

172. Jacques est né en 1896. En quelle année aura-t-il 21 ans?

173. Une propriété a été payée 35 000 fr.; après y avoir fait des travaux pour 17 545 fr. on a pu la revendre en réalisant un bénéfice égal au prix d'achat. Quelle somme a-t-on revendu cette propriété?

174. Charlemagne devint roi des Francs en l'an 768 et mourut en 814. Combien a-t-il régné d'années?

175. Dans une caisse qui pèse 15 kilogrammes on met 270 kilogrammes de sucre. Quel est maintenant le poids de la caisse?

176. Un débitant verse dans un tonneau 580 litres de vin et achève de le remplir avec 48 litres d'eau. Trouver la contenance du tonneau?

177. D'un tonneau qui contenait 300 litres de vin on a retiré 176 litres. Que reste-t-il dans le tonneau?

178. Pour payer une somme de 10 872 fr., un caissier donne 9500 fr. en billets de banque et le reste en monnaie d'argent. Quelle somme donne-t-il en argent?

179. Dans une année, un employé a dépensé 1580 fr. pour sa nourriture, 975 fr. pour son logement, 430 fr. pour son habillement et 216 fr. pour dépenses diverses. Combien a-t-il gagné, sachant qu'il a pu économiser 269 fr.?

180. Deux ouvriers ont fait ensemble un travail qui leur a été payé 329 fr. L'un reçoit 172 fr.; quelle est la part de l'autre?

181. Pour lancer un cerf-volant, Paul a mis bout à bout 3 pelotes de ficelle, la première de 95 mètres, la deuxième de 72 mètres, et la troisième de 100 mètres. Quelle sera la longueur de sa ficelle?

PROBLÈMES A UNE OPÉRATION : MULTIPLICATION OU DIVISION

182. Combien y a-t-il de minutes dans un jour?

183. Combien y a-t-il d'heures dans une année?

184. Une fermière porte au marché un panier contenant 16 douzaines d'œufs. Combien aura-t-elle d'œufs à vendre?

185. Une main de papier contient 25 feuilles. Combien y a-t-il de feuilles dans 25 mains?

186. On échange 500 francs en billets de banque contre des pièces de 5 francs. Combien recevra-t-on de pièces?

187. Un ouvrier économe dépose chaque semaine 12 francs à la caisse d'épargne. Au bout de combien de temps aura-t-il économisé 300 francs?

188. Un régiment a fait 480 kilomètres en 15 étapes de même longueur. Quelle est la longueur d'une étape?

189. On a acheté 75 mètres de drap pour 1050 fr. Combien coûte le mètre de drap?

190. Un champ a produit 239 gerbes. Quel est le poids de cette récolte si chaque gerbe pèse 15 kilogrammes?

191. Un négociant achète 135 pièces de vin de 225 litres chacune à 1 fr. le litre. Que doit-il payer?

192. 38 tonneaux de vin de même contenance contiennent 8850 litres. Quelle est la contenance d'un tonneau?

193. Une personne a 480 fr. et veut faire un voyage avec cet argent. Elle sait qu'elle devra dépenser 15 fr. par jour. Combien de jours pourra durer son voyage?

194. Combien la grande aiguille d'une montre fait-elle de tours par semaine?

195. Combien d'heures dans 1500 minutes?

196. Une salle de classe carrée a 64 mètres de pourtour. Quelle est la longueur d'un côté?

197. La terre a 40 000 000 de mètres de tour. Calculer la distance du pôle nord à l'équateur?

198. 8 ouvriers ont mis 12 jours pour faire un travail. Combien un ouvrier, travaillant seul, aurait-il mis de temps?

199. Un train qui fait 70 kilomètres à l'heure part d'une ville à midi et arrive dans une autre ville à 5 heures du soir. Calculer la distance entre les deux villes?

200. Un ouvrier travaille 25 jours par mois. Combien travaille-t-il de jours par an?

201. Quel est le poids d'une somme d'argent de 853 fr., sachant qu'un franc pèse 5 grammes?

202. Un enfant peut soulever un poids de 28 kilogrammes. Quelle somme en argent pourrait-il porter?

203. Une fontaine, qui verse 52 litres par minute, a rempli un bassin en un quart d'heure. Quelle est la contenance de ce bassin?

204. Combien y a-t-il de douzaines d'œufs dans un panier qui renferme 540 œufs?

205. Pour parcourir une lieue de 4 kilomètres, un piéton a mis 50 minutes. Combien de mètres fait-il par minute?

206. Une pièce de drap qui vaut 15 fr. le mètre a coûté 540 fr. Quelle est la longueur de la pièce?

207. Le produit de deux nombres est 14 274 et l'un de ces nombres est 26. Trouver l'autre?

208. Que devra-t-on payer pour 300 huîtres à 1 fr. la douzaine!

209. Le quotient d'une division exacte est 25 et le diviseur 38. Quel est le dividende?

210. On a partagé une boîte de plumes entre 8 élèves et chaque élève a eu 18 plumes. Quel était le nombre de plumes contenues dans cette boîte?

211. Quel est le nombre dont le quart est 271?

212. Un propriétaire reçoit chaque trimestre 850 fr. pour la location d'un immeuble. Combien cet immeuble lui rapporte-t-il par an?

213. Quel est le prix de 2500 œufs à 8 fr. le cent?

214. Un élève habite à 2500 mètres de l'école. Quel chemin fait-il par jour s'il va en classe matin et soir?

215. Un ouvrier a mis 54 jours pour creuser un fossé. Combien de jours auraient mis 6 ouvriers travaillant ensemble pour achever ce même travail?

216. La circonférence se divise en 360 degrés. Combien y a-t-il de degrés dans un quart de circonférence?

217. Combien peut-on transporter de voyageurs dans un train composé de 18 vagons de chacun 50 places?

218. Un militaire qui paie quart de place a versé 14 fr. pour faire un voyage en chemin de fer. Quel est le tarif pour une place ordinaire?

219. Une cour carrée a 58 mètres de côté. Quelle est la longueur du pourtour?

220. Autour d'un jardin de 234 mètres de pourtour on veut planter des arbres de 3 en 3 mètres de distance. Combien faudra-t-il acheter d'arbres?

221. Un cycliste a parcouru 15 kilomètres en un quart d'heure. Va-t-il plus vite ou moins vite qu'un autre cycliste qui a fait 70 kilomètres dans une heure?

PROBLÈMES A UNE OPÉRATION

SUR L'ADDITION, LA SOUSTRACTION, LA MULTIPLICATION ET LA DIVISION

222. La population de la France est d'environ 39 millions d'habitants; celle de la Russie 129 millions. De combien d'habitants la population de la Russie surpasse-t-elle celle de la France?

223. Un caissier avait le matin 2956 fr. et le soir 9380 fr. Quelle a été sa recette dans la journée?

224. Une famille boit 7 litres de vin par semaine. Quelle sera la durée d'une pièce de vin de 224 litres?

225. Pour s'acquitter d'une dette, une personne verse une première fois 285 fr., une deuxième fois 850 fr. Quel était le montant de la dette si cette personne doit encore 715 fr.

226. Paris a 2 714 068 habitants et Londres en a 1 885 932 de plus. Quelle est la population de Londres?

227. Combien y a-t-il d'arbres dans une pépinière qui renferme 65 rangées de chacune 296 arbres?

228. Napoléon naquit en 1769 et mourut à l'âge de 52 ans. En quelle année est-il mort?

229. Si j'avais 72 bons points de plus, cela m'en ferait 300. Combien ai-je de bons points?

230. Dans une caisse de 500 oranges on en trouve 29 qui sont gâtées. Combien en reste-t-il de bonnes?

231. Un chapelier fait un bénéfice de 3 fr. sur chaque chapeau qu'il vend. Combien a-t-il vendu de chapeaux s'il a gagné 120 fr.

232. Combien y a-t-il de semaines de 7 jours dans une année de 365 jours?

233. Combien la petite aiguille d'une montre fait-elle de tours dans une année?

234. Après avoir versé 75 litres de vin dans une barrique, on constate que un quart seulement est rempli. Combien de litres contient cette barrique?

235. Mon livre d'histoire a 225 pages et je dois en étudier le tiers pendant le premier trimestre scolaire. A quelle page devrai-je être arrivé au jour de l'an?

236. On a acheté une demi-douzaine de chemises pour 72 fr. A combien revient une chemise?

237. Une personne achète une maison pour 25 480 fr. Elle veut s'acquitter en faisant 4 versements égaux. Quel sera le montant de chaque versement?

238. Un ouvrier se repose les dimanches et fêtes, soit environ 57 jours par an. Combien a-t-il travaillé de jours dans l'année?

239. Un maquignon avait acheté un cheval pour 860 fr. En le revendant, il veut gagner le quart du prix d'achat. Quel bénéfice fera-t-il ainsi?

240. Pour chaque douzaine de livres qu'on lui achète, un libraire donne un treizième livre gratis. Combien donnera-t-il de volumes à un marchand qui lui en achète 28 douzaines?

241. Un entrepreneur emploie 38 ouvriers. Combien devra-t-il payer de journées de travail à la fin de la semaine, ces ouvriers ne travaillant pas le dimanche?

242. Pour entrer au cirque chaque spectateur verse 3 francs. Quel a été le nombre de spectateurs quand la recette a été de 3 714 fr.?

PROBLÈMES À DEUX OPÉRATIONS, SANS DIVISION.

243. Un négociant achète une première fois 54 hectolitres de vin pour 2 700 francs, une deuxième fois, 39 hectolitres pour 3 900 fr., et une troisième fois 75 hectolitres pour 5 000 fr. Combien d'hectolitres de vin a-t-il achetés en tout et quelle somme a-t-il déboursée?

244. Un cultivateur a vendu 5 moutons pour une somme de 225 fr. à un marchand; puis 8 autres moutons à un autre marchand pour 316 fr. Combien a-t-il vendu de moutons et quelle somme a-t-il reçue?

245. Un banquier a dans son coffre-fort une somme de 300 427 fr. Il y a pour 250 800 fr. de billets de banque, 38 620 fr. en or et le reste en monnaie d'argent. Quelle est la valeur de cette dernière?

246. Un train part avec 258 voyageurs. À la première station il descend 12 voyageurs et il en monte 75. Combien y a-t-il maintenant de voyageurs?

247. Paul avait 35 billes. Il joue et gagne 9 billes à la première partie; mais à la deuxième partie il en perd 16. Combien de billes a-t-il alors?

248. Mon livre de lecture a 378 pages. J'en ai lu 82 pages pendant le premier trimestre et 126 pages pendant le deuxième trimestre. Que me reste-t-il à lire?

249. Une fermière porte 200 œufs au marché. Elle en vend 150, en casse 3 et en donne 8. Combien lui reste-t-il d'œufs?

250. Un bijoutier achète une montre d'occasion pour 35 fr. Après y avoir fait pour 9 francs de réparations, il la revend 58 fr. Quel est son bénéfice?

251. D'une barrique qui contenait 218 litres de vin, on retire 75 litres pour les verser dans une seconde barrique qui en contenait déjà 117 litres. Combien y a-t-il alors de vin dans chaque barrique?

252. André a 120 fr. sur son carnet de caisse d'épargne; son frère a 17 fr. de moins sur le sien. Quelle somme ont-ils tous les deux ensemble?

253. Un train qui est parti à 8 heures du matin est arrivé à midi 20. Combien de minutes a duré le trajet?

254. Le reste d'une division est 18, le diviseur 39 et le quotient 27. Trouver le dividende?

255. Que dépensera-t-on pour clore un jardin de 45 mètres de long et 23 mètres de large si la clôture coûte 5 fr. le mètre?

256. Une dame achète 7 mètres d'étoffe à 8 fr. le mètre pour faire une robe. Elle donne 49 fr. à la couturière pour la façon et les fournitures. A combien lui revient cette robe?

257. Un fermier a vendu 258 hectolitres de pommes à 3 fr. l'hectolitre et avec l'argent qu'il reçoit il achète un veau de 358 fr. Quelle somme lui reste-t-il?

258. On entoure un jardin carré de 58 mètres de côté d'un mur qui coûte 12 fr. le mètre. A combien se montera la dépense?

259. Combien de minutes dans 8 heures et 35 minutes?

260. Un employé qui a un traitement annuel de 1800 fr. dépense en moyenne 4 fr. par jour. Que lui reste-t-il à la fin de l'année?

261. En revendant 18 chapeaux à 9 fr. le chapeau, un chapelier a fait un bénéfice total de 31 fr. Combien avait-il payé tous ses chapeaux?

262. Un berger a vendu 7 moutons pour 295 fr. Quel est son bénéfice sachant qu'il avait payé chaque mouton 32 fr. ?

263. Une source donne 25 litres d'eau par minute. Combien fournit-elle de litres par jour?

264. Quand une demi-douzaine de mouchoirs coûte 9 fr. que paiera-t-on pour avoir 5 douzaines?

265. Une personne achète dans un magasin 12 mètres de velours à 15 fr. le mètre et un chapeau. Trouver le prix du chapeau si elle verse en tout 225 fr.

266. J'ai donné un billet de 50 fr. pour payer 7 volumes à 4 fr. le volume. Que doit-on me rendre ?

267. Dans une famille, le père gagne 7 fr. par jour, la mère 4 fr. et les enfants 5 fr. Combien cette famille a-t-elle gagné à la fin de chaque semaine?

268. Combien y a-t-il de lettres dans un ouvrage de 172 pages, chaque page ayant 45 lignes de chacune 37 lettres en moyenne?

269. 6 personnes ont acheté chacune au même marchand 35 mètres d'étoffe, à raison de 17 fr. le mètre. Quelle somme a reçu le marchand?

270. J'ai donné 4 billets de 100 fr. pour payer 25 mètres de drap valant chacun 20 fr. Que dois-je encore?

271. Combien y a-t-il d'heures dans une année?

272. Que paiera-t-on pour l'achat de 8 douzaines de chemises à raison de 7 fr. chaque chemise?

273. Une paysanne avait 300 pommes. Que lui en reste-t-il quand elle en a vendu 18 douzaines?

274. Un négociant a acheté 28 barriques de vin à raison de 72 fr. la pièce. Que doit-il encore après avoir versé un acompte de 1 758 fr. ?

275. Une fermière a vendu au marché à raison de 4 fr. la pièce 14 poulets qui lui revenaient à 38 fr. Combien a-t-elle gagné?

276. D'un grenier à fourrage contenant 25 000 bottes de foin et 35 000 bottes de paille, on a retiré 12 548 bottes de foin et 17 450 bottes de paille. Que reste-t-il dans le grenier?

277. Trouver le bénéfice d'un marchand qui revend 54 mètres d'étoffe à 8 fr. le mètre, sachant que cette étoffe lui avait coûté 327 fr. ?

278. Il me manque 18 fr. pour payer 58 mètres de toile à 3 fr. le mètre. Combien ai-je ?

279. Un ouvrier reçoit 6 fr. par journée de travail. Que gagne-t-il dans une année s'il a chômé 63 jours?

280. Une personne a déposé les sommes suivantes à la caisse d'épargne : 50 fr., puis 35 fr. et 128 fr. A la suite d'une maladie elle a dû retirer 80 fr. Quelle somme est maintenant inscrite sur son carnet?

281. 9 pièces d'étoffe de chacune 35 mètres ont été vendues 13 fr. le mètre. Combien a-t-on reçu?

282. Un meunier a sur sa charrette 15 sacs de blé pesant chacun

100 kilogrammes et un sac de farine pesant 92 kilogrammes. Quel est le poids de son chargement?

283. Un entrepreneur a fait une commande de 5 000 briques. On lui en a déjà livré 8 voitures de chacune 375 briques. Combien lui en manque-t-il?

284. Un employé de l'état a un traitement de 300 fr. par mois, mais on lui retient sur cette somme 15 fr. pour les verser à la caisse des retraites. Que reçoit-il exactement chaque année?

PROBLÈMES A PLUSIEURS OPÉRATIONS, SANS DIVISION.

285. Une bourse renferme 8 pièces de 20 fr., 7 pièces de 5 fr. et 13 pièces de 1 fr. Quelle somme y a-t-il dans cette bourse?

286. Un entrepreneur emploie 12 maçons qu'il paye chacun 4 fr. par jour et 6 terrassiers qu'il paye 3 fr. Quelle somme lui sera nécessaire pour payer le salaire de tous ses ouvriers : 1° par jour; 2° par semaine de 6 jours de travail?

287. Une personne lègue 4 500 fr. à chacun de ses 5 neveux et 5 000 fr. à chacune de ses 3 nièces. Quel était le montant de l'héritage légué?

288. Sur un vagon on place 9 caisses pesant chacune 125 kilogrammes et 7 autres caisses pesant chacune 78 kilogrammes. Quelle est en kilogrammes la charge du vagon?

289. Un théâtre renferme 328 premières places à 5 fr. 256 secondes à 4 fr. et 500 troisièmes à 1 fr. Quelle est la recette d'une soirée quand toutes les places sont occupées?

290. Pour faire une robe, une couturière emploie 8 mètres de drap à 12 fr. le mètre et 7 mètres de doublure à 3 fr. le mètre. Combien devra-t-elle vendre cette robe si elle veut gagner 45 fr. pour la façon?

291. Combien de minutes en 3 jours et 8 heures?

292. Un ouvrier gagne 32 fr. par semaine et dépense en moyenne 4 fr. par jour. Que lui restera-t-il à la fin de l'année?

293. Un cultivateur a vendu 8 moutons à 45 fr. chaque mouton et 5 bœufs à 650 fr. la pièce. Quelle somme rapporte-t-il s'il avait déjà 29 fr?

294. Un épicier livre 5 kilogrammes de sucre à 2 fr. le kilogramme, 6 kilogrammes de café à 3 fr. le kilogramme et 3 hectogrammes de thé à 10 fr. le kilogramme. Quel sera le montant de sa facture?

295. Après avoir vendu 25 moutons à 52 fr. chaque mouton, un berger achète 12 agneaux à 18 fr. Quelle somme lui reste-t-il?

296. Trois élèves se partagent une boîte de plumes. Le premier en prend 38, le deuxième 9 de moins que le premier et le troisième autant que les deux premiers ensemble. Combien y avait-il de plumes dans cette boîte?

297. Un vigneron a vendu 350 décalitres de vin rouge à 70 fr. l'hectolitre et 28 hectolitres de vin blanc à 8 fr. le décalitre. Que reçoit-il?

298. Pour payer une pièce de 45 mètres d'étoffe à 7 fr. le mètre on donne 3 billets de 100 fr. et le reste en pièces de un franc. Combien a-t-on donné de pièces ?

299. Un négociant fait un mélange de 16 hectolitres de vin à 45 fr. l'hectolitre avec 24 hectolitres à 58 fr. Combien a-t-il d'hectolitres de vin et quelle est la valeur du mélange ?

300. On a partagé une certaine somme entre 14 familles pauvres. 6 de ces familles ont reçu chacune 38 fr. et les autres chacune 50 fr. Trouver la somme partagée ?

301. Un marchand place dans le plateau d'une balance 12 pièces de 5 fr., 9 pièces de 2 fr. et 3 pièces de 1 fr. pour peser une marchandise. Quel est le poids de cette marchandise sachant qu'un franc en argent pèse 5 grammes ?

302. On achète 25 volumes à 4 fr. et 18 volumes à 7 fr. Que devra-t-on payer si le libraire fait une remise totale de 12 fr. ?

PROBLÈMES A DEUX OPÉRATIONS DONT UNE DIVISION.

303. 8 mètres de drap valent 96 fr. Combien paierait-on pour acheter 25 mètres de la même étoffe ?

304. Deux fontaines coulent dans un bassin ; la première donne 12 litres par minute et la deuxième 8 litres. Au bout de combien de temps auront-elles rempli ce bassin s'il peut contenir 800 litres ?

305. On paye avec des pièces de 2 fr. un ouvrier qui a travaillé 6 jours à raison de 5 fr. par jour. Combien devra-t-on lui donner de pièces ?

306. Pour payer 23 volumes j'ai donné un billet de 100 fr. et le marchand m'a rendu 8 francs. Combien coûte chaque volume ?

307. Une pompe à vapeur a vidé 5760 litres en 45 minutes. Combien vide-t-elle de litres par heure ?

308. Une famille a consommé dans une année 2 barriques de vin de chacune 228 litres à 1 fr. le litre. Trouver combien cette famille dépense par mois pour sa boisson ?

309. On a acheté pour une somme totale de 200 fr. autant de mètres de drap à 12 fr. que de mètres à 8 francs. Combien a-t-on eu de mètres de chaque sorte ?

310. Un coquetier a payé 18 fr. pour l'achat de 300 œufs. Trouver son bénéfice s'il les revend 1 fr. la douzaine ?

311. Deux pièces de drap à 6 fr. le mètre ont coûté ensemble 450 fr. Quelle est la longueur de la deuxième pièce si la première a 32 mètres ?

312. Un employé a reçu 1015 fr. pour 7 mois de travail. Que gagne-t-il par an ?

313. Un train met 9 heures pour parcourir une distance de 648 kilomètres. A quelle distance du point de départ se trouve-t-on au bout de 4 heures ?

314. 4 mètres de drap valent autant que 9 mètres de toile. Quel est le prix d'un mètre de drap si la toile vaut 4 fr. le mètre ?

315. Un bassin d'une contenance de 5000 litres est alimenté par un robinet qui donne 25 litres par minute. Au bout de combien de temps le robinet aura-t-il rempli le quart du bassin ?

316. En revendant 19 mètres de drap pour 300 fr. le marchand a fait un bénéfice de 34 fr. Combien avait-il acheté chaque mètre de drap ?

317. Combien doit-on verser pour l'achat de 50 mouchoirs à 24 fr. la douzaine ?

318. On a payé une somme de 112 fr. avec un nombre égal de pièces de 5 fr. de 2 fr. et de 1 fr. Combien a-t-on donné de pièces de chaque espèce ?

319. Quand l'hectolitre de vin vaut 100 fr., quel est le prix de 25 décalitres ?

320. Une dame a acheté 26 mètres d'étoffe pour 78 fr., puis elle en a cédé 5 mètres à une amie. Combien celle-ci doit-elle lui rembourser ?

321. Sur une avenue qui a un kilomètre de long on place 2 rangées d'arbres espacés de 25 en 25 mètres. Combien y aura-t-il d'arbres ?

322. On a payé 395 fr. pour l'achat de 25 chemises. Combien faudra-t-il revendre chaque chemise pour gagner 130 fr. sur le tout ?

TABLE DES MATIÈRES

www.ingramcontent.com/pod-product-compliance
Ingram Content Group UK Ltd.
Pitfield, Milton Keynes, MK11 3LW, UK
UKHW021731090726
13657UKWH00002B/648